BIBLIOTHÈQUE
DES MERVEILLES

PUBLIÉE SOUS LA DIRECTION

DE M. ÉDOUARD CHARTON

LES PLANTES

ÉTUDIÉES AU MICROSCOPE

PARIS. — TYPOGRAPHIE LAHURE
Rue de Fleurus, 9

BIBLIOTHÈQUE DES MERVEILLES

LES PLANTES

ÉTUDIÉES

AU MICROSCOPE

PAR

JULES GIRARD

Secrétaire adjoint de la Société de géographie

Natura nusquam magis quam in minimis
tota est.

La nature n'est jamais si grandiose que
dans les petites choses.

(PLINE.)

DEUXIÈME ÉDITION
ILLUSTRÉE DE 208 GRAVURES SUR BOIS
D'APRÈS LES PHOTOGRAPHIES DE L'AUTEUR

PARIS

LIBRAIRIE HACHETTE ET Cie

79, BOULEVARD SAINT-GERMAIN, 79

1877

LES PLANTES

ÉTUDIÉES

AU MICROSCOPE

PRÉLIMINAIRES

LE MICROSCOPE APPLIQUÉ AUX OBSERVATIONS SUR LES VÉGÉTAUX.

L'instrument entre les mains d'un amateur. — Comment on doit le choisir. — La manière de s'en servir. — Grossissement. — Conseils pratiques sur les préparations. — Catégories différentes. — Instruments du préparateur. — Traitement des détails d'anatomie végétale. — Appréciation de la valeur d'un microscope. — Fatigue-t-il la vue? — Le dessin des objets que l'on observe. — La photomicrographie.

La science est redevable au microscope et à l'art de s'en servir d'un grand nombre de découvertes. Le télescope nous ouvre le champ des espaces célestes; le microscope, dont la construction et les principes optiques sont opposés, nous permet de pénétrer dans le monde des infiniment petits. Il est, parmi tous les instruments

1

d'optique, celui qui procure le plus de satisfaction intellectuelle, en permettant de comprendre combien
l'œuvre de la nature est variée et admirable jusque dans
ses plus petites créations. Pour l'amateur qui sait en
faire usage, il devient un ami docile à ses moindres
curiosités. Il élargit le cercle de la pensée, en même
temps que celui de notre vision matérielle. Sa puissance
révélatrice est infinie, puisqu'elle s'étend à l'ensemble
des trois règnes de la nature, divisions immenses de
l'histoire naturelle et qui sont loin d'avoir encore été
étudiées dans toute leur profondeur. Le naturaliste a en
lui un agréable compagnon dans ses excursions cham-
pêtres, qui lui répond exactement chaque fois qu'il
l'interroge et lui donne immédiatement la solution du
problème qu'il se pose. Le travailleur assidu, le cher-
cheur opiniâtre, trouvent en lui l'oracle infaillible de son
laboratoire.

Depuis Bonnannius, premier auteur d'un Traité élémentaire sur les connaissances microscopiques de la fin
du dix-septième siècle, des perfectionnements inces-
sants ont fini par produire de remarquables instruments,
chefs-d'œuvre des ateliers de nos opticiens contempo-
rains. La distance parcourue est grande depuis l'art
élémentaire de la taille des lentilles. Pendant les trente
dernières années, des améliorations progressives ont fait
du microscope un véritabe instrument de précision. On
en fabrique de toute qualité et de tout modèle, depuis
les instruments de bien minime valeur qu'on voit dans
la vitrine du marchand de lunettes, jusqu'aux remarquables spécimens de mécanique et d'optique qui sor-
tent des grands ateliers de Paris et de Londres. Nos
constructeurs soutiennent avec avantage la concurrence

étrangère, grâce à la moindre élévation de leurs prix, qui n'exclut pas la perfection dans la taille des lentilles. En Angleterre, le luxe, la multiplicité des combinaisons mécaniques et des pièces accessoires, sont tels que les grands modèles valent plus de trois mille francs. Si la possession d'un instrument de si haute valeur flatte la vanité de l'amateur, le savant qui veut faire des études sérieuses n'y attache que peu d'importance : avec un microscope très-modeste il éprouvera d'aussi vives jouissances en parcourant le monde de l'inconnu.

Il arrive fréquemment que, cédant à un entraînement passager pour la science, l'amateur novice achète assez cher un instrument avec lequel il examine quelques préparations, et que, lorsqu'elles sont toutes passées sous ses yeux et que sa curiosité a été satisfaite, il abandonne le tout. Ce découragement provient de la mauvaise direction suivie d'abord. Choisissez un instrument ayant deux ou trois objectifs, permettant de varier les combinaisons du grossissement d'environ cinq diamètres jusqu'à deux ou trois cents, monté à frottement doux dans le tube et à vis micrométrique. Les autres parties sur lesquelles se portera l'attention, le miroir, le mouvement de bascule, les oculaires, n'ont qu'une importance secondaire relativement à ces deux premières. Surtout n'acceptez pas un microscope avant de l'avoir préalablement essayé, et vous être rendu compte, sur certains sujets délicats nommés *tests*, de la netteté avec laquelle le système optique forme leur image. Du reste, les constructeurs scrupuleux engagent le futur expérimentateur à s'assurer par lui-même, à tête reposée, si l'instrument convient aux études qu'il se propose.

Quand on veut observer, on place l'instrument fixement sur son *pied*, généralement rempli de plomb s'il est construit à bascule, ce qui lui donne du poids et assure sa fixité. Le *tube* porte l'*oculaire* à sa partie supérieure, et l'*objectif* au bas ; il est construit de façon qu'on puisse éloigner à volonté de l'objet soumis à l'observation l'ensemble de lentilles auxquelles il sert de monture ; un frottement doux ou une crémaillère permet d'atteindre ce but. Au-dessous se trouve une petite tablette, la platine, qui est destinée à recevoir les sujets soumis à l'observation. Elle porte deux pinces, dites *valets*, délicate miniature de ceux des menuisiers, pour fixer le porte-objet. L'éclairage, point capital dans l'usage de l'instrument, se fait au moyen d'un *miroir* plan pour les faibles grossissements, concave pour les plus forts ; ses articulations sont disposées de telle sorte qu'il soit aisé de lui faire prendre toutes les positions. On aura soin de graduer l'éclairage de façon qu'il ne soit ni trop faible ni trop intense ; dans le premier cas on voit mal, dans le second il blesse la vue.

L'objectif est la partie la plus importante ; selon qu'il est bon ou mauvais, on perçoit bien ou mal. Les lentilles sont d'autant plus petites que l'on veut un plus fort grossissement ; il y en a qui n'ont qu'un millimètre et même un demi-millimètre de diamètre, pour les objectifs en usage dans la micrographie supérieure. On rejettera les objectifs composés de lentilles mobiles qui s'ajoutent les unes aux autres, selon la puissance que l'on désire, parce que cette méthode exclut toute corrélation dans le *centrage*. L'ensemble se compose de deux, trois ou quatre lentilles grossissantes, montées de telle façon que la plus puissante soit la plus rapprochée,

et la plus faible, la plus éloignée de l'objet. L'achromatisme, sans lequel il n'y aurait pas de bonne observation, s'obtient par l'interposition d'une lentille
médiane, seule parfaitement achromatisée, c'est-à-dire
composée d'une petite lentille concave, collée au baume
à une autre lentille convexe. On dit qu'un objectif est
bon, quand il est doué du *pouvoir pénétrant*, propriété
qui consiste à définir nettement tous les détails situés
dans le champ du microscope.

Lorsque l'on veut faire une observation, on place la
préparation sur la platine, on règle l'éclairage et l'on
choisit une combinaison de grossissement convenable.
En éloignant ou rapprochant le tube qui porte tout le
système amplifiant, on aura grand soin de ne pas le
descendre sur la préparation, car la compression inat-
tentive la détériorerait complétement.

Les commençants attachent une importance naïve à
la connaissance du grossissement; ils voudraient le voir
atteindre tout de suite des proportions considérables.
L'imagination, dont les écarts ne sont pas encore réglés
par l'expérience, se laisse aller aux théories les plus fantaisistes, et on croit voir des choses bien plus curieuses
en opérant tout de suite avec les plus fortes lentilles que
l'on a à sa disposition. C'est une erreur! Il faut que
l'on se pénètre bien de ce théorème de micrographie,
applicable aussi à beaucoup d'autres choses : le grossissement doit toujours être proportionné au sujet qu'on
examine. Avant tout il faut bien voir, percevoir distinctement les plus minutieux détails. Tel sujet n'est pas
susceptible d'un fort grossissement, tel autre pourra en
supporter un dix fois ou cent fois plus considérable. Si
l'on atteignait un grossissement de mille diamètres et

que l'on ne perçût son sujet que d'une manière tellement confuse qu'il fût invisible, on n'aurait nullement satisfait sa curiosité. Ainsi, une coupe de bois se voit mieux sous une amplification de 20 à 30 diamètres, tandis qu'il en faut 600 ou 800 pour examiner la texture de la valve d'une diatomée. L'appréciation du jeu de lentilles à employer est le résultat de l'expérience ou du tâtonnement; on commence par une faible combinaison, en augmentant graduellement jusqu'à ce qu'on trouve que la vision est bien nette : il faut satisfaire la vue avant l'imagination.

Mesurer le pouvoir amplifiant est une opération souvent fort embarrassante pour celui qui débute en micrographie; il faut avoir un *micromètre*, mesure sur laquelle le millimètre est divisé au diamant en 50 ou 100 divisions, instrument par conséquent très-délicat; ensuite une *chambre claire*, prisme de verre disposé au-dessus de l'oculaire, destiné à réfracter sur une feuille de papier l'image même qui est formée dans le microscope, ce qui permet de la dessiner assez correctement. En comparant le micromètre placé en observation sur la platine au dessin préalablement obtenu, on peut tracer sur le dessin la projection agrandie du micromètre; puis, en comparant ces dimensions à la mesure métrique usuelle, on réduit les deux termes de la proportion dont le produit est le nombre cherché. Certains instruments sont construits de façon que l'on puisse introduire au-dessus de l'oculaire un micromètre, qui projette directement sa division sur l'image formée au-dessous par l'oculaire; quoique moins précis, ce procédé est plus expéditif.

C'est peu que de savoir bien manœuvrer le micro

scope ; quand on possède parfaitement sa connaissance mécanique et optique, quand on sait régler le grossissement, combiner l'éclairage, mettre au pied avec précision, on ne possède pas encore l'art du micrographe. Il se résume presque tout entier dans la longue préparation des sujets à examiner. L'instrument, si parfait que nous le livre le constructeur, ne pourra servir à pénétrer dans le monde si merveilleux des infiniment petits, que si l'on connaît l'art de préparer les sujets qui doivent lui être soumis ; il est tellement exigeant pour révéler les secrets de la nature, qu'il faut auparavant savoir mettre en évidence les délicatesses inappréciables à l'œil nu. L'art du préparateur est un de ceux qui s'apprennent en le pratiquant, mais qui ne se décrivent pas ; les meilleures descriptions sont impuissantes à inculquer cette habileté, résidant tout entière dans de petits secrets de métier et de tours de main plus ou moins compliqués. Le commençant se laisse souvent rebuter de suite par le *labor improbus*, auquel il est obligé de demander la solution enveloppée encore dans les ténèbres du patient travail du laboratoire. Il s'arrête trop vite aux premières difficultés ; qu'il n'oublie pas que s'il sait mettre du soin, de la propreté dans ses opérations et conduire ses essais avec ordre dans les idées, les manipulations ingrates du premier moment se transformeront bientôt en occupation de prédilection. La patience à toute épreuve, nécessaire au commencement, sera entièrement récompensée.

Les préparations se font sur des lamelles de verre très-pur, exempt de bulles, dites *porte-objets*, de $0,027 \times 0,075$, dimension uniformément adoptée en France, en Angleterre et en Allemagne, par tous les

micrographes, pour faciliter les échanges dans les formations et classifications de collections. Le sujet préalablement disséqué est déposé délicatement au milieu,
puis recouvert d'un verre très-mince, à peine épais
d'un quart de millimètre, dit *couvre-objet*. Les bords
du couvre-objet sont collés, au moyen d'un filet de bitume de Judée. Afin de ne pas commettre d'erreurs
dans les déterminations, on colle sur le côté du porte-
objet une étiquette indicative du nom du sujet. Tel est
le principe général ; mais chaque sujet demanderait à la
rigueur un traitement qui lui fût propre, préalablement
reconnu expérimentalement comme réussissant mieux
pour assurer une vision claire et une conservation indéfinie ; car les collections doivent durer perpétuelle-
ment ; elles constituent la fortune intellectuelle de l'é-
tudiant micrographe. Beaucoup d'amateurs ont des
casiers qui en contiennent plusieurs milliers.

Nous pouvons diviser, pour plus de simplicité, les
préparations en deux catégories distinctes : celles qui
sont *temporaires*, faites seulement pour la durée de
l'observation et détruites après ; et en second lieu celles
qui sont *définitives*, où on apporte un soin tout particulier. On les confectionne à sec, au baume ou au
liquide. Remarquons qu'il est très-avantageux, pour
économiser le temps et pour simplifier, d'en faire un
certain nombre à la fois ; les préparateurs de profession
qui sont obligés d'opérer industriellement, procèdent
par douzaines, divisant ainsi le travail et le produisant
mécaniquement.

On prépare à sec lorsque les corps possèdent par eux-
mêmes une assez grande translucidité pour que la lumière passe facilement au travers, ou bien, dans le

cas tout à fait opposé, quand ils sont opaques et destinés non pas à être vus avec transparence, mais bien au moyen d'un faisceau de lumière condensée par une lentille convergente.

On emploie le baume de Canada à l'état de petites boulettes durcies ou de gouttelettes liquides (diluées dans la térébenthine) qu'on dépose sur la lamelle; celle-ci est légèrement chauffée sur une lampe à alcool; le baume se liquéfie complétement, et on peut, avec des pinces, immerger l'objet sans provoquer de bulles d'air. Après avoir laissé tomber sur la préparation une seconde gouttelette de baume, on place sur le tout le couvre-objet, en appuyant un des bords sur la lamelle, lui faisant décrire un mouvement de charnière et pressant légèrement pour chasser l'excédant de liquide, que l'on enlève ensuite avec un canif.

Les préparations aux liquides sont les plus compliquées; on n'y réussit pas du premier coup; ce n'est qu'après avoir recommencé, et puis encore recommencé, qu'on finit par faire quelque chose de passable. Elles sont employées surtout pour les sujets humides, corruptibles, ou bien auxquels l'imbibition donne une transparence plus prononcée. On procède en traçant, avec un petit tour volant, dit *tournette*, sur lequel est monté un pinceau trempé dans le bitume de Judée, un cercle épais, destiné à former les bords de la cellule qui doit renfermer le sujet préparé et le liquide. Le verre mince du couvre-objet, collé avec du bitume, formera couvercle. Bien fermer et cimenter ainsi la cellule, sans emprisonner de bulles d'air, sans donner une issue par où puisse plus tard s'échapper le liquide, constitue un travail difficile, pour lequel il faut une grande expérience.

Les liquides employés par le micrographe sont variés à l'infini ; tous les produits chimiques ont été mis à contribution, et de plus, ils ont été combinés entre eux, selon les qualités qu'on leur attribue. Les plus fréquemment usités comme base sont : l'acide acétique, la glycérine, la gomme, l'acide phénique, et différents sels qui ont chacun des propriétés particulières.

Les instruments du préparateur sont de jolis petits outils, délicats, ingénieux, séduisants. Il faut autant que possible qu'ils soient simples, et compter plus sur l'habileté des doigts que sur la complication du mécanisme, d'une valeur toujours un peu problématique. Pour prendre les objets on a besoin de pinces déliées : — de pinceaux fins pour saisir, quand ils sont humectés légèrement, les corps durs et secs ; — de ciseaux minces à lames droites et courbes pour la dissection ; — d'aiguilles emmanchées très-acérées pour les recherches histologiques ; — de couteaux ou scalpels à lame large et d'autres à lame étroite, qui font office de rasoir dans les coupes minces ; — d'une scie fine pour celles des substances dures ; — de pipettes en verre pour déposer de petites gouttes de liquide ; — de seringues capillaires pour les injections ; — d'un compresseur mécanique à ressort pour les études de tissus et objets épais, ayant particulièrement trait à l'étude de l'anatomie végétale, — et surtout d'un microtome, destiné à faire les coupes de bois et de tissus. Le micrographe qui veut poursuivre ses recherches avec plus de soin doit avoir en outre : une tablette de bronze avec lampe à alcool pour chauffer les porte-objets, une tournette à cellules, une éprouvette graduée, une cloche de verre pour préserver les différents objets de la poussière, et une lampe à ré-

flecteur pour le travail du soir. Il faut aussi un certain
nombre de capsules en porcelaine qu'on puisse chauffer
sur la lampe à alcool, des verres de montre, servant de
capsules pour les objets plus petits, des godets en porcelaine pour contenir les spécimens divers d'anatomie,
des flacons, des tubes bouchés destinés à contenir les
récoltes et les sujets à préparer.

Certes, cette nomenclature effrayerait celui qui veut
simplement faire quelques observations microscopiques
pour charmer ses loisirs, et cet arsenal d'outils lui implique l'idée d'un travail pénible et compliqué ; disons
tout de suite que, si tous ont leur utilité, tous ne lui sont
pas indispensables ; il peut facilement opérer avec moins
d'outils, surtout s'il n'a recours qu'aux préparations
temporaires, moyen d'étude également bon, quand il
lui suffit de fixer des souvenirs par des notes ou des
croquis. Le plaisir de collectionner est alors mis de
côté, mais il est compensé par la rapidité et la facilité
des observations.

Les organes des plantes s'étudient au microscope au
moyen de coupes dans divers sens, permettant de mettre
à nu leur structure intime et de voir quels sont les
mystérieux éléments qui concourent à leur existence.
Ces coupes doivent être très-minces; trop épaisses, la
lumière réfléchie ne passerait pas, on ne distinguerait
absolument rien ; trop minces, certains détails seraient
enlevés. Si, dans les études courantes, on procède simplement avec le canif, il ne saurait en être ainsi lorsqu'on veut mettre en évidence la nature du tissu cellulaire. On emploie alors un *microtome,* instrument dont
la forme a varié selon chaque constructeur, mais dont
le principe d'ensemble consiste toujours en un cylindre

dans lequel on emprisonne les organes que l'on veut couper; une vis les comprime, afin de les rendre compactes, tandis qu'une autre les fait avancer d'une quantité très-minime, graduée à volonté, jusqu'à un plan de surface sur lequel glisse un rasoir. On obtient ainsi une lamelle très-mince. Dans quelques instruments perfectionnés, la lame-rabot et le mouvement d'ascension sont automatiques, ce qui constitue une véritable machine. Si les substances végétales n'offrent pas assez de consistance par elles-mêmes pour se conserver rigides au passage du couteau, on a la ressource d'un subterfuge qui consiste à les enrouler autour d'une matière rigide quoique friable (telle, par exemple, que la moelle de sureau); la matière auxiliaire se coupe en même temps; après quoi on en débarrasse facilement l'organe que l'on prépare. Les feuilles, les détails de fleurs, ne peuvent être coupés que d'après ce procédé. Les épidermes des plantes se préparent autrement, puisque c'est leur surface et non l'intérieur qui doit être soumis au microscope; on les enlève simplement avec un canif, pour ensuite les déposer sur le porte-objet ou les traiter en préparation définitive. Les coupes embrassent la généralité des études sur les plantes; mais il existe une infinité d'autres modes de procéder dans la physiologie végétale, propres à certains cas particuliers qui seront examinés quand ils se présenteront.

Un des premiers désirs du nouveau propriétaire d'un microscope est de savoir s'il est réellement bon. Question assez difficile à résoudre, même pour les micrographes ; à plus forte raison pour ceux dont l'œil n'a pas acquis d'expérience. Il semble cependant que si l'on pouvait justifier qu'on voit *distinctement*, la solution serait donnée. Comme les objets à observer ne sont semblables, ni en épaisseur, ni en coloration, qu'ils ont des caractères différents les uns des autres, la réponse donnée pour l'un ne conviendrait pas pour l'autre. Avec un grossissement faible on observe généralement avec netteté ; si l'on change le système lenticulaire, tout devient confus. Opère-t-on mal ? ou l'instrument est-il mauvais ? Il faut qu'un microscope réunisse de nombreuses qualités, mais celui qui s'en sert doit aussi savoir les faire valoir, en tirer le meilleur parti possible. La seule connaissance des lentilles exige de nombreuses notions d'optique pour comprendre l'achromatisme, l'aberration, la pénétration, et se rendre compte du pourquoi, quand il existe un point défectueux. Pour essayer les objectifs très-forts qui grossissent de cinq cents à huit cents fois, on a recours à des sujets très-délicats par eux-mêmes, soit naturels, comme les diatomées, soit artificiels, comme des traits tracés sur verre ; dans le dernier cas, on peut se servir d'un micromètre ou millimètre divisé sur verre et s'assurer si l'on compte facilement les divisions. Notons que cette expérience requiert une grande habitude pour mettre au point ; on se fatigue les yeux pendant longtemps, sans arriver à trouver le point cherché. Les expériences de micrographie supérieure se font à l'aide des *tests de Nobert*. M. Nobert est un habile artiste de Poméranie, qui a imaginé de tracer sur verre avec le diamant des groupes de lignes parallèles dont l'écartement va toujours en diminuant ; le procédé mis en usage pour les tracer avec précision est un secret particulier. Dans les premiers tests, il y a environ vingt-cinq ans, il plaçait dix groupes, dont l'écartement des lignes était pour le premier groupe de $\frac{1}{1000}$ et celui du dernier de $\frac{1}{4000}$. Aujourd'hui il livre des *proben-plate* composées de trente groupes qui sont un chef-d'œuvre de précision. Ainsi dans le trentième groupe il y a trois mille cinq cent quarante-quatre lignes tracées dans l'espace *d'un seul millimètre*. Prodige de patience et de perfection! Il est vrai qu'avec les objectifs les plus puissants on n'est pas encore arrivé à résoudre le trentième groupe, c'est-à-dire à compter ses lignes.

Le microscope fatigue-t-il la vue? Oui et non. Si l'on abuse, si l'organe visuel n'est pas robuste, si l'on prolonge les observations dans les premiers moments, on peut se fatiguer promptement. Mais si l'on modère l'ardeur première, si l'on ne reste d'abord que peu de temps à l'étude, pour l'augmenter graduellement jusqu'à un quart d'heure et même plus sans discontinuer, si on met des intervalles entre chaque observation, on n'en souffrira aucunement. Il est même reconnu que l'œil avec lequel on regarde se fortifie. Quand on débute, la fatigue est plutôt nerveuse que réelle ; la contraction à laquelle on soumet l'œil que l'on ferme est plus pénible que la contention de celui qui perçoit les images formées au microscope. En règle générale, il faut commencer par de simples coups d'œil, pour augmenter plus tard leur durée. La dissection, la préparation, sont les travaux qui sont les plus pénibles, par suite de l'attention soutenue qu'ils exigent.

Les travaux de l'observateur micrographe ont ce côté pénible qu'ils l'isolent : ses observations sont forcément pour lui seul ! S'il veut en faire partager le plaisir à plusieurs autres personnes, il est obligé de les inviter à braquer leur œil et de faire une explication toujours embarrassante pour celui qui n'a pas l'image sous les yeux. Il ne peut guère remédier à cet inconvénient qu'à l'aide du dessin.

Deux méthodes se présentent pour dessiner : la chambre claire et le procédé ordinaire de copie. La chambre claire est un prisme qui se fixe au-dessus de l'oculaire. Il renvoie les rayons lumineux sur une feuille de papier placée à côté du microscope, à la hauteur de la platine.

L'œil perçoit donc en même temps deux images, et il est possible de suivre les contours de celle qui est sur la table, avec la pointe d'un crayon. Une certaine habitude est nécessaire pour ménager le jour, lui donner l'intensité voulue sans trop éclairer, erreur qui empêcherait l'image réfractée de se peindre sur le papier ; l'œil doit enfin conserver une immobilité complète pendant tout le temps qu'on dessine. Aussi, on doit le comprendre, l'habitude du dessin à la chambre claire est aussi longue à acquérir que l'art du dessin lui-même, et l'on en revient fréquemment au dessin de sentiment, moins exact, mais plus pratique. Il consiste à copier sur le papier l'image virtuelle telle qu'elle est formée dans le microscope, en regardant et dessinant alternativement, jusqu'à ce qu'on ait une représentation exacte de cette image fugitive.

La chambre claire est très-avantageusement remplacée par la chambre noire pour le dessin ; la chambre noire a le grand mérite de permettre la photographie de l'image. La photomicrographie est une méthode iconographique admirable, grâce à laquelle le savant conserve le témoignage indéniable de ses découvertes, et qui reproduit sans les dénaturer les merveilles de délicatesse des charmantes conceptions de la nature. Elle est fort intéressante, alliant l'art fascinateur de la photographie avec

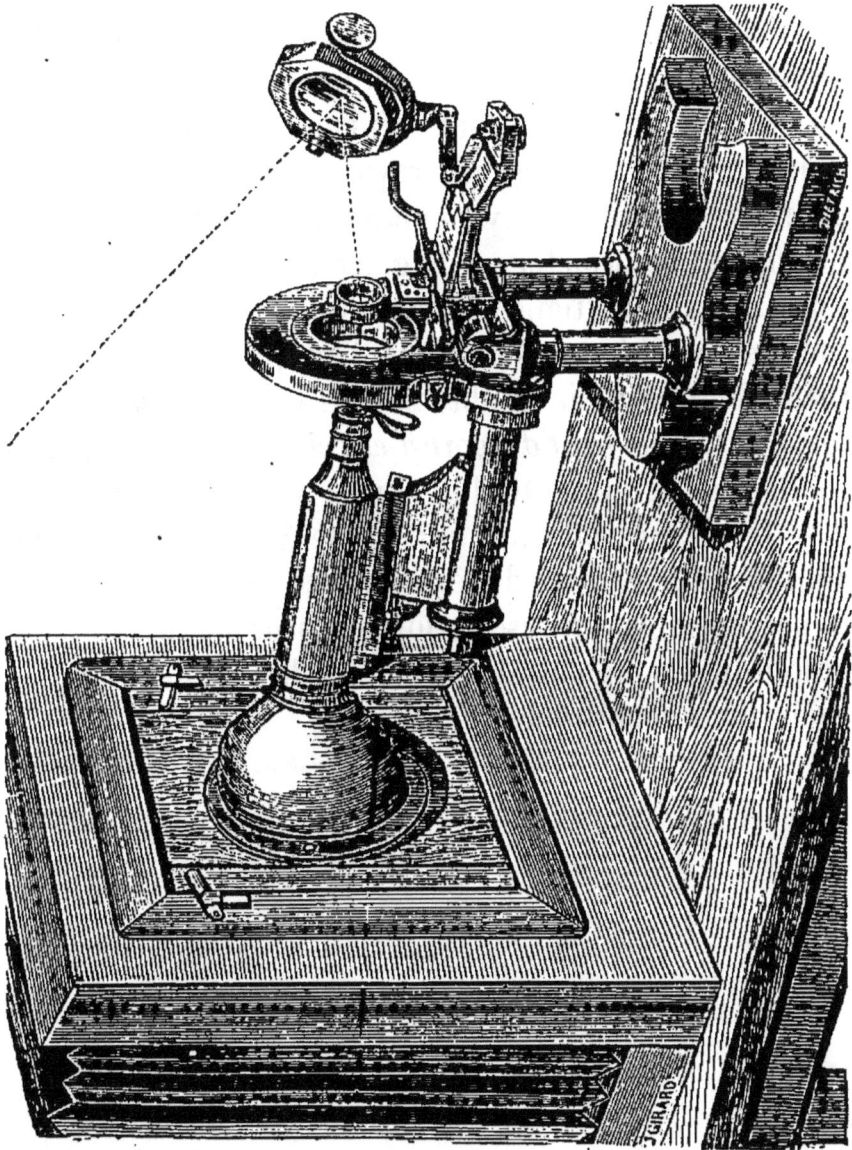

Fig. 1. — Microscope adapté à la chambre noire pour la photomicrographie.

le plus attrayant des instruments d'optique. Avec un microscope ordinaire et des appareils de photographie élémentaires on arrive à fixer des images microscopiques; pour les travaux de micrographie supérieure, un plus grand luxe d'installation devient nécessaire. La disposition la plus simple consiste à adapter le microscope au bout d'une chambre noire dont on a supprimé l'objectif, en mettant à la place un raccordement en drap ou en caoutchouc. Le tout se place sur une table près d'une fenêtre exposée aux rayons du soleil. Au moyen du miroir, on éclaire vivement l'instrument et l'image du sujet va se projeter sur la glace dépolie de la chambre noire. Les opérations photographiques sont identiquement semblables à celles que l'on pratique ordinairement. Pour réussir et obtenir des épreuves satisfaisantes, *il est important d'avoir d'excellentes préparations*, car la photographie traduit d'une façon irréfutable les détails soignés et ceux qui ne le sont pas, avec une amplification qui rend très-sensibles les erreurs les plus imperceptibles. La description des procédés photomicrographiques nous entraînerait dans de trop longues considérations techniques.

PREMIÈRE PARTIE

ANATOMIE DES ORGANES DES PLANTES

———

I

LA CELLULE EST L'ÉLÉMENT CONSTITUTIF DU RÈGNE VÉGÉTAL

Ce que c'est qu'une cellule. — Simplicité de l'organisation végétale. —
La vie de la cellule. — Sa multiplication. — Substance de la plante.
— L'association de ses éléments et leur prodigieux développement. —
Idées inexactes de la philosophie des sciences. — Harmonie entre la
simple cellule et les végétaux.

Coupez une plante quelconque avec un canif et regardez la coupe sous le microscope; la section montre
une multitude de petites granulations ayant un caractère particulier et agglomérées symétriquement : ce sont
des cellules. La tranche coupée laisse voir un nombre
plus ou moins considérable de petits cercles soudés les
uns aux autres par leurs points de contact : ce sont les
sections des parois de cellules. Les cellules se composent dans toute leur simplicité d'une petite vésicule

transparente, formée d'une peau gélatineuse, contenant
une substance qui peut être liquide, molle et même
gazeuse. L'élément de la plante jouit de la vie, a une
organisation qui lui est propre, et est formé d'une mem-

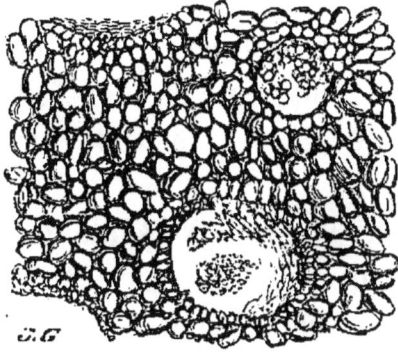

Fig. 2. — Tissu cellulaire de la noix de coco × 50[1].
Cellules globulaires avec vaisseaux.

branc invisible à l'œil nu. La loi mystérieuse de la création des cellules des végétaux est une force vitale que
nous ne pouvons comprendre, pas plus que celle des
éléments du corps des animaux. Les cellules se réunissent entre elles pour constituer méthodiquement, régulièrement, les racines, les tiges, les branches, les feuilles
et les fruits ; toutes ces parties ne sont qu'une agglomération de cellules, pressées les unes contre les autres et .
transformées, suivant un ordre parfait en émanation
d'une puissance occulte supérieure, qui se reproduit
identique dans les organes similaires de chaque génération.

On pourrait comparer chaque plante à une agglomération nombreuse de sujets dont la vie collective n'est
que le résultat du parfait équilibre de la vie individuelle ;
toutes les cellules concourent, dans les fonctions qui

[1] Le signe × indique le grossissement en diamètres.

leur sont attribuées, à la vie d'ensemble d'une plante, comme dans une machine les différentes pièces concourent toutes à la production d'un travail, en accomplissant chacune un mouvement spécial. La cellule végétale est réellement douée d'une existence visible, puisqu'elle naît, vit et se propage. Elle présente des phénomènes de développement bien faits pour nous étonner, en raison de la promptitude avec laquelle ils s'accomplissent.

Il existe dans l'échelle végétale des sujets composés d'une cellule unique, tels que les algues unicellulaires qui colorent en vert les lieux humides; et d'autres dont l'organisation en comporte un nombre incommensurable, comme certains champignons qui atteignent la grosseur d'un melon. Ces cellules sont indépendantes, et cependant elles procèdent les unes des autres et vivent ensemble. Dans plusieurs circonstances, elles se produisent même par division ; cependant la formation libre est la plus fréquente. En remontant à l'origine même de la plante, on voit, dans les phanérogames, c'est-à-dire chez les plantes qui sont pourvues de fleurs, la production primordiale s'opérer dans une cavité de la graine au moment de la germination ; cette cavité est circonscrite par le *sac* embryonnaire, cellule agrandie, sorte de laboratoire naturel où s'exécute une sécrétion résultant de la germination. Quand cet *utricule primordial* est constitué, il s'allonge, s'élargit, donne naissance à d'autres cellules semblables : la plante est créée, le principe a paru ; la loi de la nature s'accomplira, sans dévier de la ligne tracée, jusqu'à la mort de la plante : exemple admirable de cet ordre parfait qui préside à toutes les évolutions du monde organisé !

La masse des cellules offre une cohésion quelquefois très-résistante par leur soudure intime entre elles. Au commencement du siècle, Mirbel et plusieurs autres botanistes, encore peu favorisés par les progrès accomplis dans le microscope, ont pensé que les végétaux sont, dès leur naissance, constitués d'une manière pleine et continue. Cette supposition a été réfutée d'une manière assez ingénieuse par l'observation de ce qui se passe dans la substance primitive pendant la fermentation du pain. Le levain communique à la substance une espèce de croissance artificielle, provoque des cavités, que l'on peut regarder comme autant de cellules, plus ou moins reliées entre elles selon le gonflement. Entre ces vides la substance est la même, sans qu'il y ait différence d'homogénéité entre la matière intercellulaire et les cellules elles-mêmes.

La force latente qui anime les végétaux est puisée dans l'association de cette multitude de cellules. Cette vie a certains cas d'activité qui surpassent toutes les forces perceptibles dans le développement de la vie apparente. Ainsi Friès a compté plus de dix millions de cellules sur la *Reticularia maxima;* toutes sont douées du pouvoir reproducteur. Le *Lycopode* gigantesque est composé de millions de cellules-spores dont chacune peut donner naissance en un jour à un champignon de grande taille. Lindley a calculé que les feuilles du *Lupius* qui se développent rapidement augmentent d'environ deux mille cellules par heure. Nous voyons dans les jardins les oignons de la Fritillaire produire des pousses de plusieurs centimètres dans l'espace d'une journée. Les *Merulius*, moisissures qui viennent sur les poutres humides dans les caves, augmentent en peu de temps

dans de fortes proportions. Qui pourrait compter les
lentilles d'eau qui tapissent en quelques jours d'un si
beau vert les eaux stagnantes ? Ces innombrables petites
feuilles sont composées d'in-
nombrables petites cellules accomplissant chacune leurs fonctions. Dans les familles plus
élevées, nous voyons les *Melons*
et *Potirons* augmenter de plus
d'un kilogramme dans une
seule journée de croissance.
Combien ce poids contient-il de

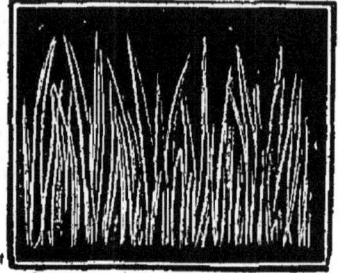

Fig. 3.
Moisissures (*Aspergillus*).

nouvelles cellules ? Les exemples ne manquent pas pour
exprimer la grandeur des manifestations de la puissance vitale organisant la matière inerte et en formant
un végétal parfait. Ces silencieuses merveilles étalées
au grand livre de l'univers nous montrent que, chez les
êtres organisés, les causes qui président à leur formation sont aussi exubérantes dans leurs moyens d'action
que merveilleuses dans leur mystérieuse existence.

Certains idéologues ont voulu tirer des conclusions
sur les mystères de la création, d'après de faibles connaissances sur l'organisation végétale. Les uns ont voulu
voir des utricules primordiaux partout, d'autres des
cellules animées comme les animaux ; un grand nombre ont édifié sur quelques données générales des théories plus avancées les unes que les autres. Plusieurs se
sont jetés dans la discussion de la génération spontanée
et de ses conséquences, dans la théorie de la formation
de la matière, etc., tournant ainsi dans le cercle vicieux
de l'insolubilité de certains problèmes, sur lesquels
l'intelligence humaine se heurte, sans faire faire à la

science le moindre progrès. Devant ces questions palpitantes comme luttes d'imagination, mais inutiles puisqu'elles ne conduisent à aucune découverte réelle, le plus sage parti à prendre est de s'en tenir au domaine ordinaire de la constatation logique des faits. Ce que nous pouvons observer dans le monde des plantes, en aidant nos yeux du microscope, est suffisant pour provoquer notre admiration soutenue, sans qu'il soit be-

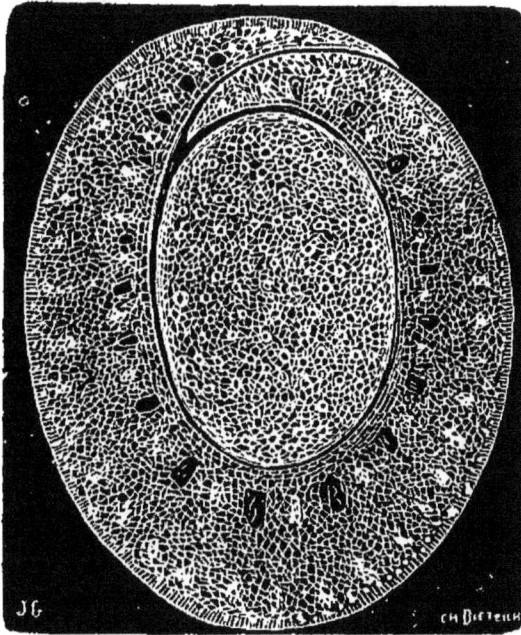

Fig. 4. — Coupe diamétrale de *Canna indica* × 10. Disposition de la feuille enroulée coniquement autour de la tige.

soin de nous égarer dans ce que nous ne voyons pas. La nature est une énigme dans l'étude de laquelle la raison et l'expérience doivent être inséparables.

Pour peu que l'on observe l'ordre qui prévaut dans la répartition des œuvres de la création, on est frappé de son harmonie générale. Plus les végétaux sont simples,

plus les cellules le sont également. Les champignons,
petits et grands, ont des cellules semblables; coupés dans
n'importe quels sens, ils présenteront toujours la même
texture élémentaire : molle, spongieuse, sans agrégation;
tandis que chez les végétaux supérieurs, comme les arbres, elles sont beaucoup plus compliquées, parce
qu'elles sont appelées à un développement et à une résistance plus prononcés. L'équilibre est conservé dans les
détails comme dans l'ensemble. La variété existe dans
l'unité de toutes les formes organiques.

II

CARACTÈRES PRINCIPAUX DU TISSU DES PLANTES

L'architecture botanique. — Formes des cellules. — Leur enveloppé. —
Les combinaisons géométriques. — La variété dans l'unité. — Les
vaisseaux. — Leur préparation, leur organisation capricieuse et leur
classification. — Le système nerveux. — Fonctions des organes du
tissu. — Expérience sur la multiplication des cellules. — Coup d'œil
général sur les éléments végétaux.

On peut se convaincre, en pratiquant des coupes de
végétaux, qu'à l'exception de quelques cryptogames, il
existe un tissu élémentaire différent dans chaque plante,
et que ces types ont des caractères distinctifs pour chaque espèce, pour chaque famille. Celles dont nous tirons
parti présentent des caractères de texture parfaitement
adaptés aux divers besoins humains : les fruits, les légu-
més, les végétaux alimentaires sont mous, tendres, faciles pour la mastication, tandis que les autres, dont
la contexture est rigide, répondent à d'autres exigences.
En examinant les premiers au microscope, on remarque
un tissu peu résistant, cédant à la pression, parce qu'il
est exclusivement composé de cellules flexibles et uniformes ; dans les arbres le tissu est beaucoup plus

compliqué : il offre des vaisseaux, des fibres, des cellules compactes, enchevêtrés les uns dans les autres,

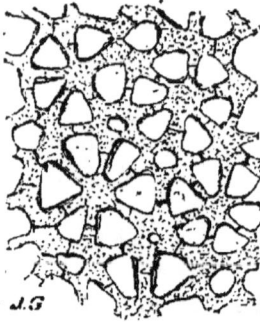

Fig. 5. — Cellules étoilées du pétiole
du *Musa ensete* Bruc × 60.

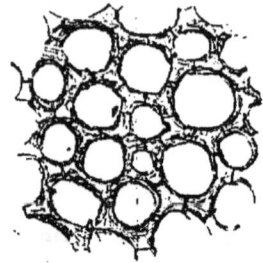

Fig. 6. — Tissu cellulaire d'une feuille
de Rosier × 80. Cellules soudées
entre elles avec méats interstitiels.

comme les matériaux d'un monument. C'est l'architecture de la nature, œuvre spontanée de la création ; elle

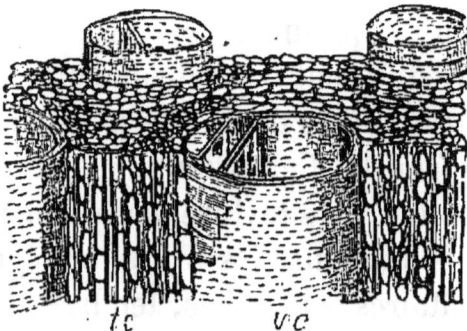

Fig. 7. — Vaisseaux cloisonnés et ponctués
vus en perspective × 50.
tc, Tissu cellulaire. *vc*, Vaisseaux ponctués
séparés par des cloisons parallèles.

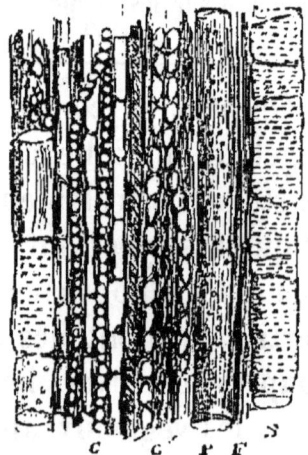

Fig. 8. — Coupe de tige. Vaisseaux divers × 50.
C'. Cellules en chapelet inter-
calées dans les fibres. P. Vaisseaux poreux. S. Vaisseaux
striés. F. Fibres.

est le résultat d'une force occulte qui a produit un
arbre immense d'une petite graine imperceptible, tan-

dis que les édifices des constructeurs humains dont on
tire tant .vanité ne .sont qu'un assemblage plus ou
moins savant de matériaux recueillis avec discernement,
mais non pas une création, puisque ce mot implique
l'idée de faire sortir une chose du néant. Cet assemblage naturel est combiné avec plus de science encore
que les meilleurs spécimens d'architecture. La section

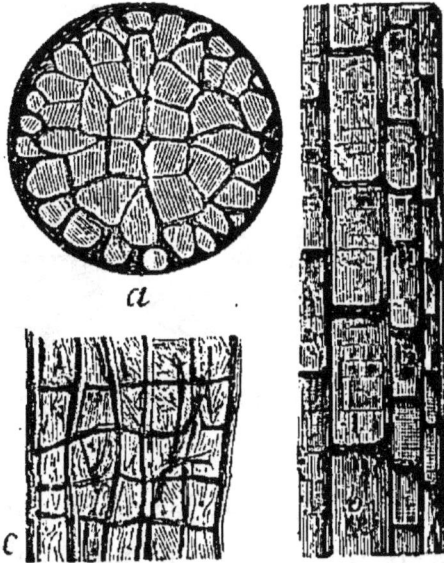

Fig. 9. — Coupes différentes d'une tige de Roseau × 5.
a. Coupe transversale. b. Coupe longitudinale. c. Détail des parois
membraneuses des cellules × 15.

d'une tige quelconque montre la solution des problèmes de stabilité les plus compliqués ; si elle n'était
composée que de cellules agglomérées, elle ne pourrait s'élever à une hauteur dépassant plus de cent fois
la largeur à sa base. Les fibres, les vaisseaux, entre-
mêlés de cellules résistantes deviennent un faisceau
difficile à rompre ; élastiques dans certaines plantes, ils
permettent une flexion prononcée ; rigides dans d'au-

tres, ils produisent les géants de nos forêts! Tout cet
ensemble merveilleux reçoit l'essence vitale, des sucs
puisés dans la terre par les racines, au moyen d'un système économique intérieur qui les élabore et se les assimile.

Énumérer toutes les formes connues des cellules serait un travail capable de rebuter le plus patient des
micrographes, et qui ne prouverait qu'une chose, c'est
que son auteur serait un vrai bénédictin. On peut les
rapporter d'ailleurs à quelques formes principales qu'on
retrouve fréquemment dans les végétaux : les cellules

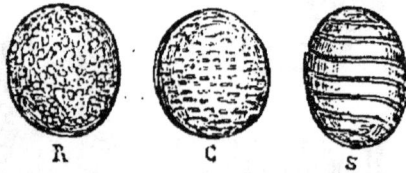

Fig. 10. — Cellules diverses : cellule R. Réticulée. C. Ponctuée. S. Striée.

rondes ou ovoïdes, pressées les unes contre les autres
comme le serait une masse de pois collés ensemble ;
les cellules polyédriques, état provenant fréquemment
de la compression qu'ont subie les cellules sphériques ;
les cellules étoilées, dans lesquelles chacune d'elles
présente latéralement des prolongements géométriques
correspondant régulièrement avec les vides laissés par
le prolongement des cellules voisines de même forme ;
les cellules fongiformes se prolongeant irrégulièrement.
Quelques plantes offrent des particularités nombreuses
dans leur structure capricieuse. Dans le jonc (*Juncus
effusus* L.), elles sont étoilées; dans l'Aristoloche (*Aristolochia cymbifera* Mart.), elles sont à parois épaisses,

presque ligneuses ; dans le tégument des cônes d'If, elles sont fusiformes et spirales.

C'est à tort que l'on croirait que les lignes géométriques sont remplacées dans l'œuvre de la nature par les combinaisons du hasard : une cellule sphérique, par exemple, se modifie dans les différentes périodes de son existence; les petites boules ne se joignent d'abord que par certains points de contact ; elles sont tangentes les

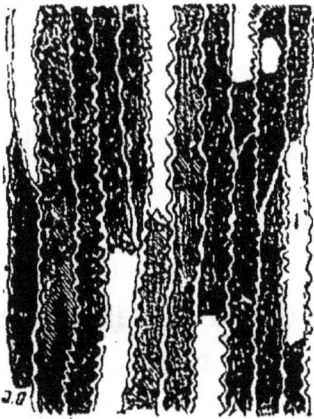

Fig. 11. — Tégument interne d'une écaille d'un cône d'If × 40. Cellules superficielles offrant des sinuosités longitudinales.

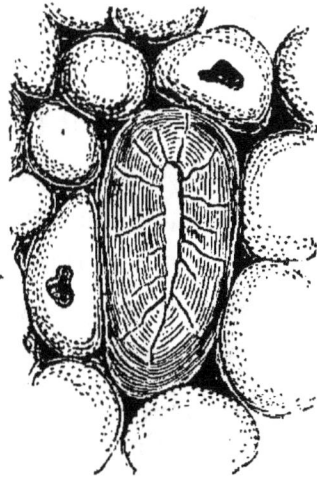

Fig. 12. — Cellules épaisses du Prunier × 50.

unes aux autres, laissant un peu d'air dans les interstices. Cette observation est rendue facilement sensible si l'on presse, dans une cuvette remplie d'eau, une plante de contexture cellulaire molle ; il en sort une quantité de bulles d'air. La croissance amène la compression de ces sphères végétales limitées par une zone inextensible, telle que l'épiderme ou l'écorce. Les vides interstitiels, ou, pour parler plus scientifiquement, les cavités contenant de l'air, se remplissent par une juxtaposition plus compacte ; la coupe montre dans ce cas un réseau polygonal régulier ou irrégulier, suivant quelquefois le sens dans lequel elle a été pratiquée. Les *végétaux à grandes cellules*, par conséquent ceux dont la texture est peu serrée, les ont hexagonales, disposition géométrique fréquente dans le règne végétal ; l'hexagone, en effet, est une des plus simples, prenant le moins de surface inutile et la plus résistante. Il sert de base à plusieurs combinaisons de solides jusqu'au tétradécaèdre. Les cellules ont ainsi des dispositions que la géométrie croyait avoir inventées.

En considérant la cellule proprement dite, on voit qu'elle se compose primitivement d'une seule membrane, sorte de sac résistant sans ouverture sensible ; mais il se dépose, avec le temps, à l'intérieur de ce sac et aux dépens des substances qu'il renferme, une deuxième et parfois un plus grand nombre d'autres membranes qui viennent tapisser la première. Ces membranes secondaires ne s'appliquent pas toujours exactement sur la première ; elles ont généralement des lacunes, des ouvertures dans leur substance. Elles forment alors une couche percée de trous plus ou moins bien accusés. Ceci constitue des cellules ponctuées ou rayées. Dans d'autres circonstances, elles se déposent sous forme d'anneaux ou de petits filets spiraux, comme dans l'*Oncidium lancanum*. Avec

Fig. 13. — Cellules fibreuses de l'*Oncidium lancanum*. × 40.

un grossissement bien proportionné, on peut facilement suivre les spires des fibres entourant la membrane cellulaire. Elle est encore plus compliquée

dans l'*Aristolochia clematitis*, où elle est couverte d'un
réseau de petites fibres, comme si elle était enveloppée
dans un filet. Lorsque l'étudiant micrographe veut pénétrer dans cette intimité des secrets des plantes, il doit
aborder certaines sortes de préparations assez délicates.
Son premier soin est de détacher les cellules qu'il se
propose d'examiner par un traitement dans un acide
dilué ; ensuite il choisit celles qui sont dignes d'être
conservées. Le liquide le plus avantageux pour obtenir
une conservation prolongée est une solution de chlorure
de calcium.

Le diamètre des cellules varie presque suivant chaque
plante ; le microscope accuse des dimensions de quelques centièmes de millimètre, tandis que pour quelques-unes l'œil n'a pas besoin d'avoir recours à un in-

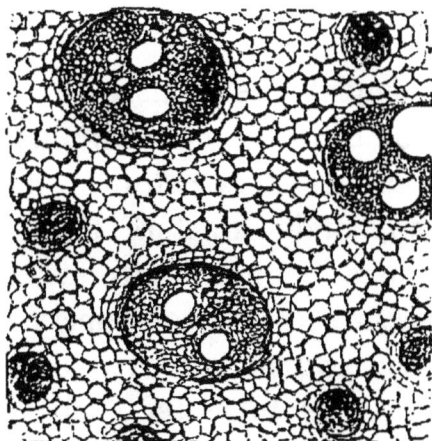

Fig. 14. — Coupe transversale de bois de Palmier × 30. Tissu polymorphe et
vaisseaux contenant d'autres vaisseaux qui traversent la masse cellulaire.

strument pour les mesurer. Il y a plusieurs exemples de
dimensions qui atteignent jusqu'à un, deux et même
plusieurs centimètres.. Il est rare que cet élément anatomique conserve une régularité suffisante pour que de

prime abord on puisse déterminer catégoriquement la nature du tissu. Lorsqu'il est trop confus pour permettre de porter un jugement, on se contente de dire qu'il est *polymorphe*. Cependant, quoique la coupe indique une irrégularité apparente, l'œil observateur saurait encore discerner une combinaison reliée à un type quelconque, quoique complexe.

Une des meilleures manières d'étudier un tissu est d'en faire une épreuve photographique, sur laquelle on embrasse l'ensemble de sa constitution ; on peut ainsi compter les cellules contenues dans une surface donnée, un centimètre carré, par exemple. On trace sur le papier un carré dont le côté est proportionnel au grossissement et l'on compte sur deux côtés le nombre de cellules, en les ponctuant pour ne pas commettre de répétition, ni s'embrouiller ; la multiplication donne le nombre cherché.

Les organes élémentaires du tissu ne sont pas uniquement composés de cellules ; ou du moins, pour s'exprimer plus correctement, les cellules changent de nom quand elles changent de caractère. En plusieurs circonstances, les cellules longues et étroites ont leurs parois intermédiaires résorbées. Qu'on supprime l'extrémité de la membrane placée au bout de chaque cellule allongée, on aura ainsi de longs tubes ou chapelets forés : c'est ce qu'on nomme des *vaisseaux*. On peut dans plusieurs cas obtenir la démonstration de cette origine des vaisseaux, en traitant ces organes par une dilution d'acide chlorhydrique ou d'acide nitrique. On verra alors qu'ils se partagent en plusieurs portions et à l'endroit où l'on observait des étranglements. Le nombre de cellules n'a pas augmenté ; seule la forme a subi une modification.

3

On n'arrive pas toujours facilement à trouver les extrémités des vaisseaux, certaines plantes les ayant très-
longs; ainsi dans les joncs comme dans les bambous, ils
s'étendent dans tout l'espace compris entre deux nœuds
subséquents, dimensions atteignant plus d'un mètre
chez ces derniers. Dans le chaume du blé, l'intérieur
tubulé est entouré d'un faisceau de vaisseaux.

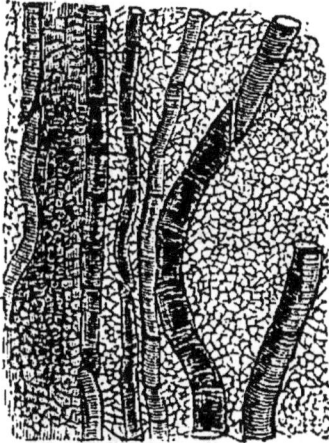

Fig. 15. — Vaisseaux imparfaits de la
Balsamine (*Balsamina Hortensis*)
× 80. Extrémités en pointe appliquées
l'une contre l'autre.

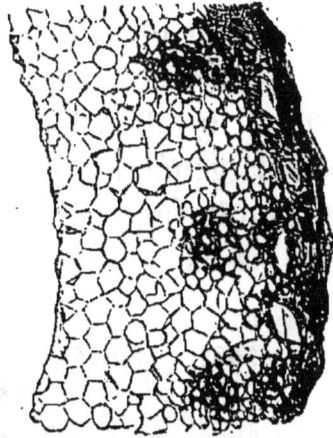

Fig. 16. — Fragment de chaume
de Blé coupé transversalement
×, 100.

Lorsqu'une coupe transversale a été pratiquée dans
un tissu vasculaire, c'est-à-dire uniquement composé
de vaisseaux, la section donne de petits trous ronds, bien
délimités, tandis que, dans le sens longitudinal, le fil
du bois présente une infinité de petites lignes parallèles.
Aussi le bois coupé ou scié transversalement n'a jamais,
dans les différentes applications aux arts, le poli et
l'aspect brillant de celui qui est travaillé dans le sens
vertical de croissance et par conséquent celui des vaisseaux.

Si le micrographe désire faire paraître les vaisseaux d'une façon nette et ostensible, il a besoin de recourir à l'injection. Elle consiste à laisser séjourner le tissu végétal découpé dans une solution colorée, afin qu'imprégnée d'une matière étrangère, les caractères soient mieux mis en évidence; les parties qui ont absorbé le liquide rouge ou bleu, couleurs dont on fait le plus usage, sont mieux visibles. Cer-

Fig. 17. — Vaisseaux isolés.

taines injections offrent quelquefois un aspect général à l'œil, quand le sujet traité se prête à ce subterfuge, d'un emploi très-fréquent dans l'étude des tissus des animaux.

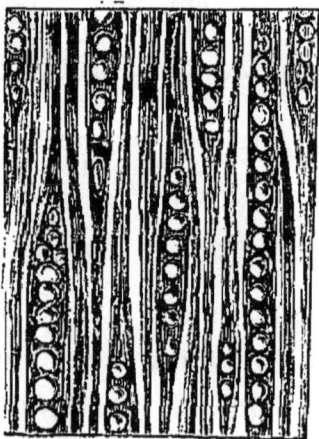

Fig. 18. — Vaisseaux ponctués et alternes du sapin, avec granulations interstitielles.

Fig. 19. — Vaisseaux striés de d'If avec granules.

Les vaisseaux provenant des cellules, on doit observer sur eux tous les dessins qu'on rencontre sur celles-ci. Les botanistes leur donnent cinq dénominations principales : annelés, spiraux, réticulés, ponctués et spiro-

annelés. De patients chercheurs ont établi des distinc-
tions entre chacun d'eux. Les anneaux sont disposés
comme les nœuds d'un roseau ou d'un bambou microscopique; chacun d'eux établit une solution de continuité.
Les vaisseaux spiraux sont aussi appelés *trachées*, dénomination la plus usuelle, basée sur leur ressemblance
avec les tubes respiratoires des insectes. Ils ont autour
du cylindre principal une fibre assez résistante pour
pouvoir être déroulée. Ce ligament retient encore après
la cassure les deux parties d'une tige brisée. L'opération
délicate du *dévidage* se pratique sous le microscope,
après macération dans une solution acidulée, en fixant
une extrémité de la trachée, et
pendant qu'on prend avec une
pince fine le bout de fibre désa-
grégée par l'action de l'acide. Les
vaisseaux réticulés ont une structure plus compliquée, étant enveloppés d'une sorte de réseau assez
irrégulier de nervures soudées ensemble, présentant des dessins
curieux par leur complication.
Lorsque les raies sont d'inégale
longueur et que le vaisseau est
prismatique, on le nomme *sca-*
lariforme, en forme d'échelle. Ils
sont aussi couverts de petits points

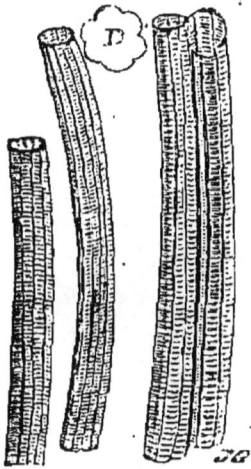

Fig. 20. — Vaisseaux scala-
riformes du *Pteris aqui-*
lina × 30. D. Diagramme
d'un de ces vaisseaux.

en relief, quelquefois assez épais. La spirale entrecoupée
par les anneaux également distancés, constituant le
vaisseau spiro-annelé, n'est pas déroulable comme dans
le cas précité ; elle adhère plus intimement. Il existe
encore des vaisseaux cribriformes, consistant en tubes

offrant des espaces plus ou moins circulaires, dans lesquels se voient un grand nombre de petites ouvertures,
donnant ainsi à chaque espace la forme d'un tamis. Si
l'on voulait épuiser l'étude de toutes les capricieuses

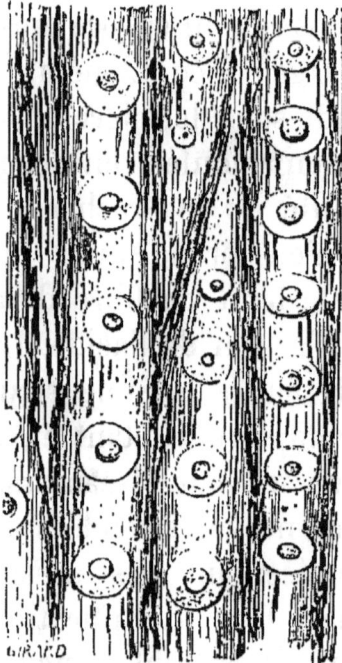

Fig. 22. — Tissu composé. V. Vaisseaux
cloisonnés. Coupe diamétrale du Platane (*Platanus occidentalis*) × 40.

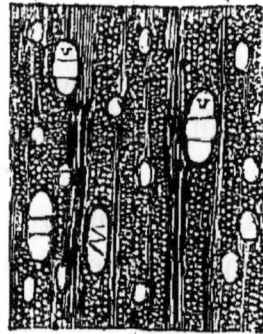

Fig. 21. — Ponctuations lenticulaires des vaisseaux du Sapin
× 500.

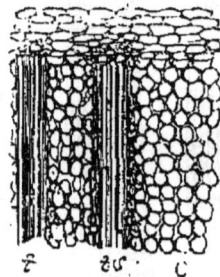

Fig. 23. — Tissu de la tige du Maïs.
f. Fibres et vaisseaux traversant la
masse cellulaire. *f*, *c*. Fibres et vaisseaux formant un fascicule. *c*. Cellules
sphériques.

contextures affectées par ces organes, on en décou-
vrirait beaucoup encore en dehors des classifications
reconnues.

. Les différentes parties de la plante se groupent sous
l'action d'une puissance invisible, selon les fonctions

qu'elles ont à remplir. Si elle n'était composée que de
cellules, elle manquerait de fermeté, les vaisseaux seuls
ne lui donneraient qu'une rigidité sans liaison, elle ne
serait pas capable de se prêter à la moindre flexion sous
le souffle du vent. Les fibres remédient à cet inconvénient, en étendant dans toute son économie un système
squelettaire presque aussi admirablement organisé que
chez les animaux. Dans la section longitudinale de

Fig. 21. — Coupe transversale de bois de Chêne × 60. Tissu vasculaire
irrégulier et dense.

presque toutes les plantes phanérogames, on remarque
des faisceaux filamenteux se séparant quelquefois au
contact de l'eau ; ce sont des fibres, sortes de vaisseaux
composés, que certains micrographes ont voulu considérer comme des cellules d'une petitesse extrême. Leur
ensemble forme une couche dans le sens longitudinal :
c'est le fil du bois ou tissu ligneux, offrant un haut
degré de cohésion des molécules. Presque sans consistance dans les humbles plantes comme les graminées,

il devient très-dur dans quelques organisations ; ainsi dans l'ivoire végétal (*Phytelephas macrocarpa*), le tissu imperméable aux liquides est composé de fibres serrées, sans apparence de vaisseaux ni de cellules.

Certaines plantes, nous le répétons, croissent avec une si grande rapidité qu'il faut supposer qu'une quantité prodigieuse d'organes élémentaires nouveaux peut être créée dans un espace de temps relativement très-

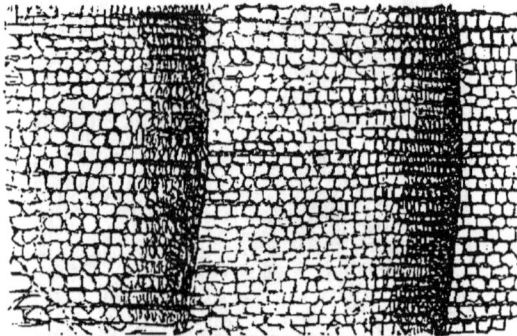

Fig. 25. — Coupe transversale de bois de Sapin × 60. Tissu vasculaire régulier et spongieux.

court. L'*Achillia prolifera* pousse d'une manière très-sensible, puisque en peu de temps, en quelques heures, la graine se transforme en plante parfaite. Les jeunes pousses de *Bambou* s'élèvent de plusieurs centimètres dans l'espace d'une journée. Comment ce phénomène se produit-il ? Les idées des commentateurs se sont longuement étendues sur cette question. Les corpuscules de la plante ne restent jamais isolés entre eux ; il s'établit une sorte d'harmonie rhythmée dans toutes leurs fonctions. Des cellules nouvelles sont engendrées par celles qui existent déjà, pendant que d'autres semblent naître spontanément au sein du liquide intercellulaire.

Ces éléments sont groupés et maintenus par les lois in-transgressables, par un procédé d'édification simple et puissant qui se retrouve partout dans l'œuvre de la création.

Il serait inutile de chercher à surprendre le secret de la multiplication des éléments, en examinant sur le microscope une coupe d'organe compliqué. On fera mieux d'avoir recours à l'étude des éléments isolés. Tout le monde sait que, pendant l'hiver et les temps humides, le bas des murs, l'écorce des arbres, les pierres sont

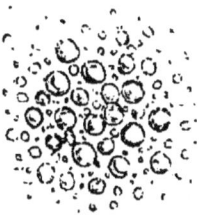

Fig. 26. — Moisissures.
Lepra Botryoides.

recouverts d'une couche verdâtre de moisissures. C'est une plante unicel-lulaire, ou plutôt toute une famille de plantes moitié terrestres, moitié aqua-tiques, qui jouit de la propriété de se développer avec une grande rapidité, quoique seulement composées d'une seule et unique cellule. Qu'on choisisse quelque spécimen de ce *Lepra Botryoides*, qu'on le mette sur le porte-objet, et on verra, si l'attention est soutenue, la multiplication des cellules s'opérer par division.

En envisageant le tissu végétal dans son ensemble, on y rencontre toutes les propriétés nécessaires à l'en-tretien de la vie : canalisation pour apporter les sucs nécessaires, circulation des matières nutritives, fonc-tions séparées concourant à l'ensemble d'un développe-ment dont la formule nous échappe. Tout y est vivant. Mais tout cela peut se ramener à la cellule-molécule des corps inertes et remplacée ici par la cellule douée d'une existence propre, quoique léthargique. La plante ainsi considérée ne meurt jamais. Née de la graine, elle produit une graine susceptible d'engendrer une semblable plante ayant une même organisation, et c'est toujours la même cellule qui se multiplie, engendrant successivement tous les descendants d'un même végétal.

III

MATIÈRES RENFERMÉES DANS LES CELLULES

Le laboratoire de la nature. — Le suc cellulaire. — L'analyse chimique.
— Gaz dans les plantes. — Effets de l'émanation. — L'amidon est
la plus importante des substances contenues dans les cellules. — Observation au moyen de la lumière polarisée. — Gomme. — Caoutchouc. — Résine. — Comment s'allument les incendies des forêts. —
Multiplicité des matières organiques qui résultent de l'élaboration végétale. — Sels. — Sels polarisants au microscope. — Cristaux. — Glaçons dans l'intérieur des cellules.

L'organisme des plantes, si compliqué quand on le
voit au microscope, est entretenu et transformé par
une suite de phénomènes chimiques autrement merveilleux que ceux qu'obtiennent nos plus habiles mani-
pulateurs, et qui ont jusqu'ici échappé aux recherches
des savants. S'ils ont éclairé plusieurs questions, s'ils
ont fait quelques découvertes, ils sont restés le plus
souvent dans les nuages des suppositions. La chimie
telle que nous la pratiquons n'élucide pas plus les phénomènes vitaux que le système de l'antiquité qui expliquait la formation des mondes par le choc des atomes.
L'élaboration si *régulière* des sucs végétaux est une
création chimique et non pas une combinaison. Ainsi

chaque cellule devient un laboratoire en miniature d'une matière particulière à la plante ; dans la pomme de terre la fécule se produit spontanément par absorption de sucs particuliers puisés dans la même terre qui contiendra les principes nécessaires à la formation d'un arbre de grande taille. Ces deux végétaux dissemblables absorberont au moyen de leurs racines, qu'on serait tenté de regarder comme intelligentes, les éléments propres à chacun d'eux. Les cellules deviennent par leur concours simultané les ouvrières manipulatrices inconscientes d'un produit de sécrétion, comme dans une ruche toutes les abeilles viennent apporter leur contingent au gâteau de miel.

Le contenu des cellules acquiert souvent une importance de premier ordre pour l'homme, puisqu'il devient un produit alimentaire ou utilisable par l'industrie, dans un grand nombre d'occasions. Mais le suc de la plupart des végétaux n'est qu'un liquide incolore, n'ayant aucune propriété applicable ; il est habituellement nommé *suc cellulaire*, nom assez vague qui ne fait rien préjuger de sa nature et de sa composition. On peut en extraire des matières extrêmement diverses, et aussi variées que le nombre des plantes : huiles, gommes, sucres, matières visqueuses, protoplasmatiques, etc. On y trouve en outre des matières solides et inorganiques. Enfin, ce suc dépose une substance à l'intérieur de la membrane cellulaire et augmente ainsi son épaisseur.

La chimie démontre par l'emploi de réactifs que les couches de *cellulose* (ou ensemble des produits contenus dans les cellules) sont généralement azotées et de composition ternaire. Les expériences conduites par Payen ont démontré les analogies et les différences entre la fécule et la cellulose, deux principes qui jouent un rôle bien important dans l'organisation végétale, le premier dans les graines et le second dans les tissus. Il s'est servi comme réactif de l'oxyde ammoniacal. Les expériences ont encore laissé à l'état de problème la composition des lames concentriques dont l'ensemble constitue les granulations de l'amidon ; on se demande si elles ne seraient point elles-mêmes formées de cellulose, ainsi que tendaient à le rendre probable les expériences de Nægeli, de Munich. En résumé, on proposerait de confondre ces deux principes sous une seule et même dénomination, ce qui ne résoudrait pas grand'chose.

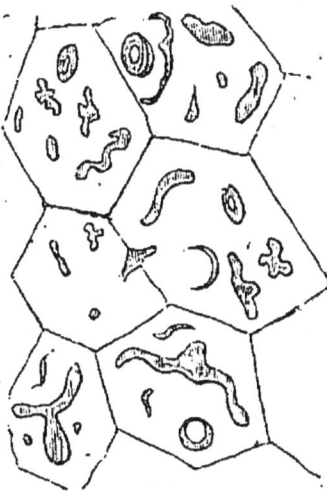

Fig. 27. — Méats dans les cellules épaisses du *Bertholletia*.

Nous avons vu que le tissu cellulaire avait des *méats* ou vides interstitiels dus à diverses causes, entre autres l'expansion. Lorsque, sous l'influence du travail de la végétation, les matières contenues dans les cellules dégagent des gaz, ils remplissent ces petites cavités.

Les cellules de l'épiderme, de la moelle et de l'écorce qui sont privées de vie renferment de l'air. Sous le microscope, elles sont incolores, transparentes au milieu. Celles qui contiennent un liquide offrent au contraire une transparence à peu près égale dans toute leur étendue. Suivant Dutrochet, c'est à la présence de l'air dans les cellules qu'il faut attribuer la couleur blanche d'un grand nombre de pétales.

Notre, odorat est frappé par les gaz qui se dégagent spontanément des plantes et spécialement des fleurs. Quelques-uns sont agréables, hygiéniques; d'autres pernicieux. Tout le monde sait que le lilas, par exemple, répand de l'acide carbonique en assez grande quantité pour que l'asphyxie s'ensuive, si on en conserve un bouquet dans une chambre où l'on passerait la nuit. Des voyageurs rapportent que, dans les forêts tropicales, les émanations de certains arbres, comme le mancenillier, sont funestes à ceux qui s'endorment sous son ombrage. La parfumerie fait usage des propriétés d'évaporation de certaines fleurs pour imprégner les pommades de ces odeurs, en plaçant des châssis enduits de graisse au-dessus d'une couche de plantes aromatiques. Nous voyons dans l'âtre de la cheminée une preuve évidente de l'emprisonnement de gaz dans le bois de chauffage; sous l'influence de la chaleur, il se dilate et s'échappe en flamme vive, faisant entendre un petit bruit strident. Au nombre des curieuses expériences auxquelles donne lieu l'organisation cellulaire de certaines plantes, on peut citer celle de la Fraxinelle (*Dictamus albus* L.); lorsque, le soir, par un temps chaud et calme, l'odeur de l'huile essentielle contenue dans les poils des fleurs devient intense, l'on approche une bougie allumée, il se produit aussitôt une légère détonation, suivie de l'apparition d'une auréole bleue, qui voltige au-dessus de la plante, comme un feu follet, pendant quelques secondes; malgré cette incandescence, elle reste intacte, le principe gazeux combustible contenu dans les nombreux poils de la surface ayant ici une fonction d'excrétion. Dire la nature des gaz contenus dans les diverses cellules des plantes

serait long et fastidieux, et, en certains cas, fort difficile ; car, pour beaucoup, l'analyse chimique est jusqu'à ce jour restée muette.

Parmi les substances élaborées par les phénomènes
de la végétation, il n'en est aucune qui ait une utilité
comparable à celle de l'*amidon*
ou fécule amylacée, vulgairement appelée *fécule*. Elle entre
pour une part considérable dans
l'alimentation végétale de l'homme et des animaux ; elle est tellement répandue, qu'on aurait
de la peine à citer une plante
où il ne s'en trouve dans l'une
ou l'autre de ses parties. Les
granules d'amidon varient suivant les plantes auxquelles ils
appartiennent, ce qui permet
à un œil exercé de reconnaître

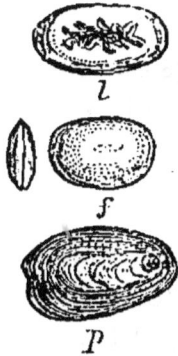

Fig. 28. — Différentes cellules
de fécule × 150. *l.* Farine de
légumineuse. *f.* Farine de
froment. *p.* Farine de pomme
de terre.

avec le secours du microscope les falsifications nombreuses qui altèrent les substances farineuses. En dé-
chirant une cellule de pomme de terre, on met en
liberté les petits grains d'amidon qui étaient fixés à
l'intérieur. Chacun offre l'aspect d'un petit corps ovoïde
mal délimité, marqué de lignes courbes excentriques ;
le centre est accusé par un point nommé *hile*. L'a-
midon du blé est un ovoïde beaucoup plus régulier,
plat et lenticulaire ; celui des légumineuses, comme le
haricot, est percé au milieu d'une cavité irrégulière et
éclatée.

On reconnaît la présence de l'amidon en immer-
geant le fragment de pulpe où l'on veut le découvrir

dans une solution d'iode ; si le liquide devient bleu-
violet, il s'y trouve de la fécule. Les micrographes reconnaissent beaucoup plus sûrement la présence de
l'iode par l'emploi de la lumière polarisée, effet qui
s'obtient en faisant traverser la préparation par les
rayons lumineux sortant de deux prismes qui décomposent la lumière. Ainsi éclairé, chaque grain d'amidon
présente une croix noire ou légèrement colorée, dont
les deux branches se coupent toujours dans le hile ; elle
désigne les deux sens suivant lesquels la lumière polarisée incidente peut se transmettre à travers chaque
grain, sans éprouver de dérangement dans le sens primitif de sa polarisation. Quand cette expérience est
bien faite, elle présente des caractères très-curieux.
Elle permet de mesurer plus facilement le diamètre des
grains, dont voici quelques exemples.

Arrow-root	$= 0^{mm},140.$
Pomme de terre . .	$= 0^{mm},145.$
Lentille	$= 0^{mm},067.$
Haricot	$= 0^{mm},063.$
Blé	$= 0^{mm}.050.$
Millet	$= 0^{mm}.010.$

Une substance sur laquelle on n'a que des connaissances peu étendues et enveloppées d'obscurité, c'est la
gomme. La gomme arabique se concrète à la surface
de petits arbres spontanés de l'Afrique intertropicale,
appartenant au genre Acacia ; la gomme, dite de pays,
sort du tronc de nos arbres fruitiers à noyau ; la
gomme adragante, qui vient de Bassora, se recueille
sur l'*Astragalus*, petit arbuste de la famille des légu-
mineuses-papilionacées. M. Decaisne a démontré que la
production coïncide avec l'époque de fermentation de

la partie ligneuse et qu'elle se fait à ses dépens; citons comme exemple le prunier. Selon d'autres observateurs, certaines espèces, telle que la gomme adragante, résulteraient d'une transformation particulière que subissent les parois des cellules de la moelle et des rayons médullaires. Quoi qu'il en soit, le commerce de la gomme est une des branches de commerce les plus importantes d'Afrique, et notamment du Sénégal.

Beaucoup de matières appliquées aujourd'hui aux besoins que s'est créés la civilisation, sont des produits végétaux. Ainsi, le *caoutchouc*, grâce auquel on peut établir des câbles sous-marins qui transmettent la pensée sous les flots de l'Océan, fournit une gomme laiteuse, un *latex* qui se concrète à l'air, brunit et devient résistant. On le recueille en pratiquant une entaille dans la tige de l'arbre, à l'ouverture de laquelle on dispose un moule où se dépose le produit du suintement.

La résine se recueille en quantité énorme dans les forêts de sapins; cette sécrétion s'obtient en *saignant* les arbres. On donne un coup de hache dans le pied et on introduit dans la fente ainsi pratiquée une petite feuille de zinc, destinée à faire office de gouttière; un pot situé au-dessous reçoit la résine. Cette substance, éminemment combustible, a souvent été cause de grands incendies. Un observateur a émis l'opinion que la cause des combustions soi-disant spontanées résidait dans les gouttelettes de résine qui, agissant comme de petites lentilles, quand le soleil était dirigé dans un certain sens, provoquaient l'inflammation, ainsi qu'on peut la reproduire pratiquement avec une lentille de verre. L'idée est ingénieuse et n'est pas invraisemblable.

> Il semble que ceux qui ont prétendu que « tout était

dans tout » peuvent avoir raison alors qu'on envisage l'immense fécondité d'élaboration des plantes et la variété des produits organiques et inorganiques élaborés par leur partie essentiellement constitutive. Souvent ces produits sont trahis par quelque caractère propre bien remarquable : la Glaciale (*Mesembryanthemum cristallinum*) est une plante herbacée couverte de gouttelettes d'eau en apparence glacée ; ce fait étrange frappe singulièrement le voyageur qui se trouve pour la première fois en présence de feuilles couvertes de cristaux de glace, sous le beau soleil des tropiques. Il est dû au développement monstrueux de toutes les cellules superficielles remplies d'un liquide aqueux incolore, sécrété par la plante. La manne en larmes usitée dans la médecine comme purgatif se récolte sur le *Fraxinus ormus;* le mélèze donne la manne de Briançon. Le sucre s'extrait de la canne à sucre (*Saccharum officinarum* L.), sorte de roseau cultivé dans les pays chauds ; on récolte aussi un sucre de qualité secondaire dans l'Amérique septentrionale sur l'érable à sucre. L'arbre à lait (*Galactodendron utile*) donne un précieux aliment aux habitants de la Guyane. L'arbre à beurre (*Penta-desma butyracea*), qui pousse sur les bords du Niger, contient une substance grasse, épaisse et jaune, en tout semblable à celle que l'on obtient du lait des animaux. Le camphrier (*Laurus camphora*) donne le camphre que l'on extrait par distillation des feuilles.

L'arbre à cire (*Myrica cerifera*) possède dans les cellules voisines de l'écorce une cire presque analogue à celle des abeilles ; elle est l'objet d'un certain commerce aux Indes anglaises, où elle est utilisée aux

mêmes usages que cette dernière. On extrait de la paille
une sorte de cire formant un corps solide, blanc, insoluble dans l'eau, aisément soluble dans l'alcool et l'é-
ther ; elle se présente en petites paillettes ou écailles
nacrées douces au toucher. (M. Radziszewski.)

Dans un autre ordre d'idées, nous trouvons parmi les
sucs des végétaux des principes alimentaires agréables,

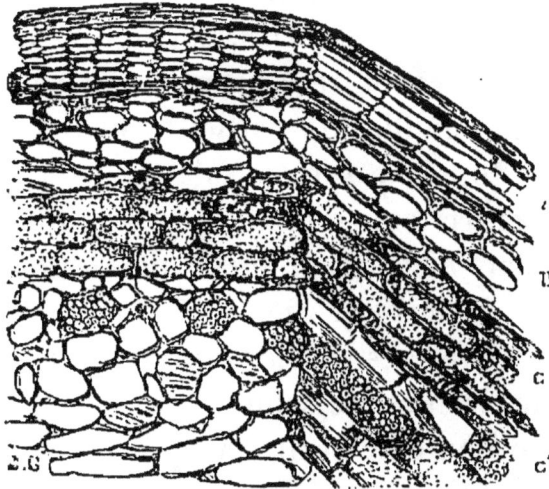

Fig. 29. — Coupe transversale de l'Arbre à cire (*Myrica cerifera*) × 80. A. Système cortical. B. Cellules intermédiaires. C. Cellules contenant la cire élaborée. C'. Cellules contenant de la cire à l'état granuleux.

tels que le thé, le café, le chocolat et beaucoup d'autres.

Parmi ces sucs, élaborés par les cellules, pour toutes
et par toutes, qui se constituent ainsi de par la nature en
société coopérative, un certain nombre appartiennent au
règne inorganique ; par exemple, les sels acides. Comme
preuve qu'ils existent dans les plantes, on peut citer
l'oxydation qui se manifeste sur la lame d'acier poli
avec laquelle on découpe un fruit. Du quinquina
on extrait des sels fébrifuges ; de l'oseille, un produit
qui détache le linge ; le bois contient l'acide pyroli-

gneux ; la noix de galle, l'acide gallique ; le bois de Panama, un principe alcalin qui sert à enlever les taches.

On emploie certains sels végétaux en micrographie pour faire de jolies expériences sur la polarisation ; au moyen d'une combinaison de prismes, on produit de brillants effets de coloration, variables suivant la manière dont on les dispose. La salicine est un de ceux qui don·nent les tons les plus variés, lorsque le degré de concentration est rencontré à propos ; on voit des rosaces multicolores remplies de paillettes brillantes, diaprées de tous les tons du spectre solaire ; les cristaux s'harmonisent entre eux d'une façon féerique. Cet acide s'obtient par distillation du saule. L'asparagine, qui se tire de même de l'asperge, donne un réseau compliqué de roses cruciformes mêlées à un tissu de granulations réfléchissant la lumière comme des perles. L'acide camphorique présente de beaux nuages rouges. L'acide gallique offre des aiguilles blanchâtres qui, très-multipliées, donnent un caractère fantastique à la préparation par leur enchevêtrement. On en citerait un grand nombre d'autres usités en polarisation microscopique, recherchés pour la production de ce curieux et intéressant phénomène.

Il est facile de comprendre que si les cellules renferment des sels, il peut s'y produire spontanément des cristaux, résultats immédiats de la présence de ceux-ci sous l'influence directe de la chaleur ou d'autres causes concomitantes. Les sels les plus répandus sont : en première ligne, l'oxalate de chaux, et ensuite le carbonate, le tartrate, le sulfate de chaux. Certaines plantes contiennent une telle quantité de sel, qu'elle

surpasse en poids celui même de la plante : ainsi le
Chara, qui couvre les eaux douces stagnantes, en sécrète
une quantité considérable. Le *Pilocereus sanilis*, plante
grasse, garnie de longs poils, a en sel huit fois le poids
des poils où il est contenu. Le suc cellulaire subit ainsi
une modification et durcit le tissu dont il est l'élément.

Fig. 30. — Cristal polyédrique
× 150 (*Balsamine.*)

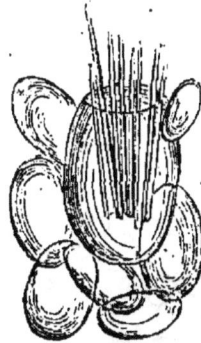

Fig. 31. — Cristaux en aiguilles dans
une cellule de Vigne-vierge (*Cissus
quinquefolia*) × 300.

Les cristaux nommés Raphides par A. de Candolle diffèrent de composition et de forme, suivant les plantes
et les sels qui constituent leur base. L'oxalate de chaux
a la propriété de former des cristaux en aiguilles effilées réunies en faisceaux, entièrement libres et indépendantes dans l'intérieur de la cellule ; ils ont la forme
d'une pyramide allongée à quatre faces terminant en
pointe. La vigne vierge (*Cissus quinquefolia*) contient
souvent des faisceaux de ces aiguilles. Il est à remarquer
que, sortis partiellement, ils laissent leur extrémité ai-
guë se produire à l'extérieur à travers une cavité. Aussi
existent-ils plus communément près des lacunes situées
dans l'intérieur du tissu cellulaire, comme dans le *Colocasia odora*. Ils se présentent aussi fréquemment sous
la forme de parallélipipède, comme dans la pelure de

l'oignon commun ; ils sont logés sans régularité entre deux membranes épidermiques. On les rencontre aussi dans l'intérieur des cellules du Cactus ; un seul par cellule, rarement deux. Les cristaux se trouvent abondamment dans les Balsamines, les Rubiacées, les Onagrariées, et beaucoup d'autres Monocotylédones. Le carbonate de chaux existe aussi cristallisé, mais à l'état

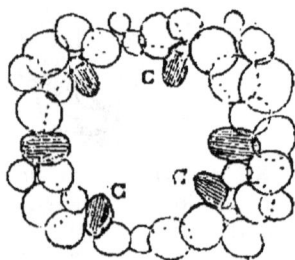

Fig. 32. — C, C, C. Cellules renfermant des cristaux répartis autour d'une lacune interne du *Colocasia odora* Brogn. × 30.

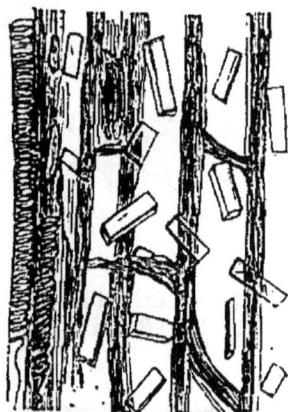

Fig. 33. — Cristaux de l'épiderme de l'Oignon × 300, logés entre les feuilles de la pelure.

amorphe, sur l'épiderme des prêles (*Equisetum*), des bambous, où il se dépose en couches résistantes. La surface des roseaux, des rotins, doit son brillant à ces dépôts naturels. Outre les cristaux proprement dits, possédant des caractères géométriques, il existe des corps particuliers amorphes dans les orties, dans les feuilles du caoutchouc, dans le bois fossile et plusieurs autres plantes.

Les cellules contiennent aussi, à certains moments du printemps ou de l'automne, de petits glaçons provenant du saisissement du froid au moment de la pleine végétation. La formation, au milieu de tissus vivants, de lacunes où se déposent les amas de glace, ne cause pas d'ordi-

naire de dommages notables aux plantes. On trouve des
lacunes très-grandes et très-nombreuses dans les espèces
qui résistent à la gelée. « Quand on examine, dit
M. Prilleux, les parties encore tendres et succulentes

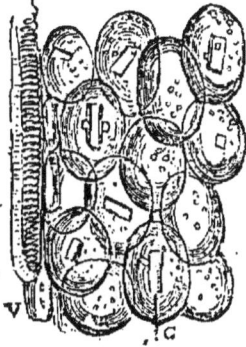

Fig. 34. — C. Cristaux contenus
dans les cellules du Cactus. V.
Vaisseaux spiraux × 150.

Fig. 35. — Bois fossile × 89. Cristal-
lisation du suc cellulaire. Tige
d'arbre de la famille des Térében-
thinées.

des plantes, telles que les pétioles des fleurs, les jeunes
pousses et les tiges herbacées qui sont restées exposées à
un froid d'au moins deux ou trois degrés au-dessous de
zéro, on y reconnaît facilement la présence de gros glaçons, situés au milieu du tissu cellulaire, le plus souvent
près de la surface, parfois plus profondément dans le parenchyme cortical, très-souvent aussi dans la moelle. Si
l'on examine par la gelée un pétiole de violette, de con-
soude ou de chélidoine, on remarque qu'il est gonflé
d'une façon inaccoutumée; si l'on enlève l'épiderme, on
voit qu'aux gonflements correspondent de grandes
masses de glace et que ce sont elles qui font saillie en
soulevant l'épiderme. »

IV

PHÉNOMÈNES DE LA COLORATION VÉGÉTALE

La palette de la végétation. — La chlorophylle. — Mouvement des grains
de chlorophylle. — Pas de couleur sans lumière. — La chimie en explique le motif. — Une exception en faveur d'un rosier. — Discussion
du fait. — Mouchetures et panachures. — Médication des plantes. —
On peut changer la variété de leurs nuances. — Le blanc des fleurs. —
Suc blanc dans les feuilles vertes.

Qui peut être insensible à toutes les beautés des végétaux, à la majesté de leurs formes, à la richesse de
leur coloris, à l'harmonie de leurs tons? Ce ne serait
pas sans exactitude qu'on affirmerait que toutes les couleurs du spectre, toute la gamme des teintes données par
le rayon de soleil qui traverse le prisme, existent dans
les innombrables plantes dont la terre est si gracieuse-
ment parée. Combien d'emprunts ont été faits par les
arts industriels aux gracieuses couleurs des fleurs! L'artiste s'inspire des tons chatoyants des fleurs et des feuillages délicats, pour donner tout leur éclat aux étoffes des
plus élégantes toilettes. L'iris emprunte à l'arc-en-ciel
son nom et ses couleurs; la rose est le décor le plus
charmant de nos parterres; les fuchsias aux clochettes

écarlates forment des massifs resplendissants; les or-
chidées prodiguent leurs fleurs multicolores dans les
vastes solitudes où la végétation tropicale déploie son
caractère grandiose. Le séduisant tableau qu'offrent
les jardins aux premiers effluves printaniers est do-
miné par le vert, teinte répandue à profusion dans

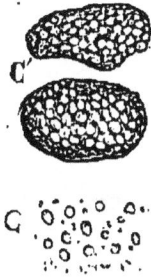

Fig. 36. — Chlorophylle × 400.
C. Chlorophylle granuleuse flottant dans le suc cellulaire.
C'. Chlorophylle agglomérée en
masses.

Fig. 57. — Granules de chlorophylle × 500, répartis sur
une cellule ovoïde de plante
grasse.

le monde végétal ; c'est sur elle que s'arrêtent toujours
avec satisfaction les yeux fatigués, c'est elle que l'on
aime à voir se marier au paysage où s'arrête notre ho-
rizon. Demandons au microscope de nous initier à ce
phénomène de coloration.

La couleur verte des feuilles est due à une matière particulière qu'elles renferment et que Pelletier,
un de ses premiers observateurs, a nommée chlorophylle (χλωρός, vert; φύλλον feuille). Elle provient
de substances extrêmement variées sur lesquelles on
n'est pas encore bien fixé; objet d'études répétées sur
sa composition chimique, les expériences n'ont pas
encore donné une solution définitive, par suite de la
complexité trop grande de sa composition. Pour faci-

liter l'examen de sa structure au microscope, on soumet la chlorophylle à l'action de l'acide sulfurique et
du chlorate de potasse, ce qui la désagrége et lui enlève
sa couleur verte ; si, au contraire, on désire l'observer
telle qu'elle existe dans les cellules, on choisit certaines plantes particulièrement propices. Ainsi dans les
plantes grasses, la chlorophylle se montre très-ostensi-
blement sous forme de granules arrondis. Ce sont de
petites cellules dans de plus grandes cellules. Ailleurs,
les petits grains sont agglomérés en masses au lieu de
flotter librement dans le suc cellulaire. Dans beaucoup
de cas, elle se présente à l'état de gelée verte, n'ayant
aucune forme déterminée.

Des observateurs attentifs ont enrichi la science botanique de faits curieux sur une sorte d'animation qui
semble exister dans ces grains de chlorophylle. Ce phénomène physiologique avait été remarqué depuis plusieurs années dans les *Crassulacées*, où les grains sem-
blaient s'amonceler au milieu des cellules sous l'action
directe du soleil. M. Famintzin reconnut ensuite dans
une mousse du genre *Mnium* des mouvements très-
marqués également sous l'influence de la lumière. Les
mousses sont plus particulièrement favorables à l'étude
de ce qui se passe dans l'intérieur de la cellule vivante,
sans danger d'altérer les conditions normales de sa vie ;
de plus, les feuilles n'y sont formées que d'une seule
couche de cellules ; il suffit donc de mettre un pied de
mousse tout entier sur le porte-objet du microscope et
d'en regarder une feuille par transparence pour voir ce
que contiennent les cellules et les modifications qui
peuvent s'y produire. Quand on observe une plante
préalablement tenue dans l'obscurité pendant un jour

ou deux, on voit la feuille présenter l'aspect d'un réseau
vert entre les mailles duquel se montre un fond clair
et transparent. Mais si on laisse la plante au jour, simplement éclairée par la lumière que renvoie le miroir
de l'instrument, bientôt on voit les grains glisser le
long des parois et passer des latérales aux superficielles
sur lesquelles elles s'étendent. Qu'on distingue .quel-
ques grains en .particulier et qu'on ait soin de les dessiner à la chambre claire pour bien fixer la trace. de
leur délimitation, on les verra varier d'une façon très-
notable, si les conditions de l'expérience sont convenables et si la température de la pièce où elle se fait
est assez élevée pour que la plante soit bien·vivante.
Quand une fois les grains de chlorophylle se sont portés sur les parois superficielles, ils y demeurent non
pas absolument immobiles, mais ne changent que très-
peu de place, tantôt se rapprochant, tantôt s'éloignant
quelque peu des grains voisins. L'aspect général reste
le même jusqu'à ce que l'obscurité se fasse. Alors les
grains s'agrègent de nouveau en réseau vert nettement
marqué : ils ont repris leur position nocturne. (M. Prilleux.)

La lumière joue donc un rôle mécanique mal défini
encore, mais à coup sûr très-important dans le système
de la coloration des feuilles en général et des organes
végétaux en particulier. De plus, elle a une action chimique. En effet, on trouve avec le microscope des
granules incolores dans les plantes qui n'ont pas subi
l'action de la lumière, comme dans celles qui ont cessé
d'être vertes pour revêtir les couleurs de·l'automne. Les
plantes qui poussent dans les caves, comme les champignons de couche récoltés dans les carrières des envi-

rons de Paris, sont tout à fait blanches, c'est-à-dire privées de toute couleur. D'autre part, on peut remarquer
que, dans les serres ou les appartements peu éclairés,
les plantes ont une tendance marquée à se porter spontanément du côté de la lumière. Si elles étaient enfer-
mées complétement dans l'obscurité pendant un temps
assez prolongé, elles s'étioleraient, ou, en d'autres
termes, de vertes qu'elles étaient elles deviendraient
jaunes. La chimie nous donne une explication de ce fait
bizarre.

Les chimistes ont été arrêtés dans leurs travaux par
la difficulté de retirer des feuilles la matière verte à
l'état pur. Selon Morot, elle serait accompagnée d'une
matière grasse colorée en jaune existant seulement
dans les feuilles jeunes et pâles, où l'action de soleil
n'a pas encore déterminé l'apparition de la matière
verte colorante. Cette matière a reçu le nom de *phyl-
loxanthine.* On peut décomposer et recomposer à volonté
la chlorophylle en employant simultanément l'éther et
l'acide chlorhydrique, qui agissent d'une manière différente sur les deux éléments de la matière verte. Dans
deux parties d'éther et une partie d'acide chlorhydrique
étendu d'une petite quantité d'eau, il se produit la
réaction suivante : l'éther retient la matière jaune et
se colore en jaune, tandis que l'acide chlorhydrique
devient bleu. La matière jaune des jeunes pousses et
des plantes étiolées se transformant en bleu sous cette
double influence, il y aurait peut-être lieu de supposer
qu'une réaction analogue fait verdir la chlorophylle
dans les feuilles à mesure que l'insolation agit sur
elles. La matière jaune est plus stable que la bleue,
elle apparaît à la naissance du bourgeon et se retrouve

dans la période précédant la chute de la feuille. Le
jaune résistant plus longtemps que le bleu, on comprend que la chlorophylle peut être jaune ou verte,
mais jamais bleue, ce dernier principe ne restant jamais
seul.

Les botanistes peuvent demander aux chimistes de
rechercher quelles sont et dans quelles circonstances
peuvent se présenter, chez les plantes étiolées, les couleurs et les nuances autres que le blanc et le jaune très-
dilué. Citons un fait qui s'est produit dans un jardin
de Bordeaux (1867). Une portion de ce jardin a été
couverte d'une construction pour l'établissement d'un
chais, ou cave, dont l'occlusion a été complète avant
qu'un rosier mal arraché commençât à émettre des re-
jetons assez nombreux et dans lesquels, naturellement,
la chlorophylle n'a pu se développer, malgré l'ouverture accidentelle de quelques portes ou fenêtres. Au
mois de juillet, la plante étiolée avait un aspect élé-
gant : tiges, rameaux, pédoncules, ovaires et calices
d'un blanc nacré semi-transparent, tiraient par places
sur le jaunâtre et offraient même sur quelques points
une tendance presque insaisissable à l'œil vers une
nuance verdâtre. La base des tiges était d'un rose vio-
lacé ; les pétioles, feuilles, stipules, laciniures des calices, étaient d'un rouge garance bien franc et intense ;
les fleurs petites, les pétales évanouis d'un violet clair,
plus foncé dans le bouton. Ces organes mis sous presse
ne se sont modifiés qu'en ce que les tiges ont noirci peu
à peu ; la teinte garance des parties foliacées s'est de
plus en plus rapprochée du violet, tandis que le violet
des fleurs se rapprochait graduellement de la couleur
feuille morte. La couleur rouge a été considérée comme

une modification du vert, lequel aurait été rougi par
un acide ; mais ici le vert, ne s'étant jamais produit,
comment aurait-il pu être changé en rouge ? Lamarck a
considéré cette même couleur rouge comme étant due
à la non-décomposition de l'acide carbonique absorbé
par le végétal ; mais alors pourquoi notre rosier, qui
n'a jamais « pratiqué que la respiration nocturne »,
s'est-il revêtu dans certaines parties d'une coloration
étrangère à la coloration blanche ou blanc-jaunâtre normale pour tous les jeunes tissus végétaux que la même
cause a empêchés de se colorer en vert ?

Depuis un certain nombre d'années, les horticulteurs
se sont beaucoup occupés de produire des plantes pa-
nachées, curieuse anomalie souvent très-appréciée des
amateurs. En principe, on peut établir que les mouchetures et les panachures proviennent de collections
plus ou moins abondantes de cellules colorées par une
matière particulière, entourées de celles qui communi-
quent à l'organe sa teinte dominante. On greffe une
maladie sur les plantes dont on veut métamorphoser la
couleur au moyen de divers procédés. M. E. Gris (1840)
eut l'idée de soumettre des plantes étiolées à un régime
propre à les ranimer ; guidé par les effets que produisent presque constamment les préparations de fer sur le
principe colorant du sang, il essaya l'action des mêmes
préparations sur le principe colorant des feuilles, la
chlorophylle. Il fit dissoudre à froid 8 grammes de sulfate de protoxyde de fer dans un litre d'eau, avec
laquelle il arrosa les plantes tous les quatre ou cinq
jours. Un grand nombre d'espèces différentes furent
traitées par cette méthode. L'expérimentateur a constaté
que la couleur des pétales qui s'était affaiblie, en même

temps que celle des feuilles, s'était ravivée comme la chlorophylle. La plus grande partie du, sulfate de fer n'est pas absorbée dans cette expérience par la plante et reste à l'état de sous-sulfate de sesquioxyde, couleur rouille à la surface de la terre des pots. Notons incidemment qu'il résulte de ces recherches que le sulfate de fer peut devenir un engrais : il fait reverdir et donne de la vigueur à la plante.

Les nuances des fleurs peuvent être variées et dirigées à volonté par la fécondation artificielle. Les jardiniers intelligents réussissent ainsi à produire des espèces dites nouvelles parce que la couleur a été modifiée. Ces nuances si pures et si suaves sont formées de plusieurs couleurs affaiblies, souvent par le blanc qui agit en éloignant, en séparant chaque cellule diversement colorée et en empêchant le mélange intime qui n'agit plus sur l'œil de la même manière. Quand le blanc est pur, il est dû uniquement à la présence de l'air dans les cellules de l'organe. Telle est la cause de la blan-

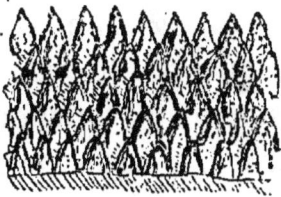

Fig. 38.— Papilles épidermiques d'un pétale de Cinéraire × 80.

Fig. 39. — Papilles épidermiques d'un pétale de Rose × 80.

cheur du lis, qui disparaît si on la soumet à la machine pneumatique. D'autres fois, on confond le blanc réel avec la teinte vaporeuse provenant de reflets ou d'oppositions. Le brillant velouté mat est dû à ce que les cellules qui constituent la surface de certains pétales de fleurs sont garnies de petites protubérances qui relèvent l'angle d'incidence de la lumière. Le velouté de la feuille de Rose et de la Cinéraire est dû à l'effet produit par ces papilles épidermiques. Le duvet de certaines feuilles produit également des tons de riches nuances.

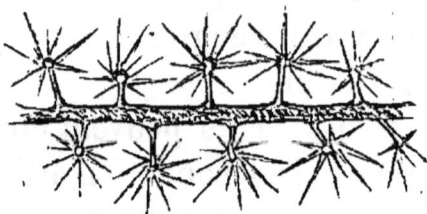

Fig. 40. — Duvet de l'épiderme de la feuille du *Croton punctatum* × 20.

Il semble naturel que les végétaux aient une coloration de même nuance que les sucs qu'ils renferment ; la chlorophylle est verte jusqu'au granule microscopique et verdit tous les feuillages ; le bois de Campêche, qui produit une matière rouge usitée dans la teinture, est rouge. Cependant des exceptions très-frappantes se présentent chez certaines familles. Ainsi, coupez une feuille de figuier cultivé (*Ficus carica*), il en sortira un suc laiteux, tout à fait blanc, quoique le parenchyme soit vert. Ce suc gommeux, visqueux au toucher, caractérisque des pavots, des euphorbes, c'est le *latex*, sorte de lait végétal renfermé dans des vaisseaux spéciaux, les *vaisseaux laticifères*. Cette substance liquide présente sous le microscope l'apparence de petits globules sphériques, qui ont en moyenne un demi-centième de millimètre. Noyés dans un mucilage, dont ils semblent rester indépendants, ces globules sont en général formés de caoutchouc ou de matières analogues. Le latex du figuier n'est pas employé par l'industrie, mais l'*Isonandra gutta* de la Malaisie fournit la gutta-percha, que l'on recueille au moyen d'une incision.

Les vaisseaux *laticifères,* qui contiennent ces sucs, ont été l'objet des études particulières de MM. Schultz, Mohl, Trécul, etc. Ces recherches ont conduit les uns à admettre qu'ils proviennent de la soudure de cellules placées bout à bout, et les autres qu'ils constituent des lacunes intercellulaires, dans lesquelles s'amasse le *latex.* Ils sont aussi pour quelques savants comme une sorte de réseau résultant de nombreuses anastomoses, et formant un appareil complet de circulation, portant la séve élaborée par les feuilles ou séve ascendante. Ils constitueraient enfin, selon d'autres observateurs, un appareil de circulation spéciale, concourant au transport des sucs nourriciers. On peut citer comme exemples l'*Antiaris toxicaria,* qui fournit aux Japonais un poison dans lequel ils trempent la pointe de leurs lances, les *Siphonia,* sorte d'Euphorbiacée qui se trouve au Brésil, le *Caladium esculentum,* le *Tragopogon porrifolius,* le *Leontodon taraxacum.* La difficulté est grande, pour le micrographe qui en fait des préparations destinées aux collections, s'il veut conserver aux vaisseaux laticifères tout leur caractère primitif; on est obligé de les faire *mariner;* puis on les trempe dans la glycérine au moment même où l'on est parvenu à les détacher à la suite d'une macération bien conduite. Ainsi préparés, ils conservent leur véritable physionomie.

V

LES MYSTÈRES DU SOL

Intelligence des racines. — Leur système de constitution. — Expériences d'absorption des liquides colorés. — L'eau est indispensable à leurs fonctions. — Détermination du poids du liquide absorbé. — Modification des racines. — Leur énergie de vitalité. — Racine carnassière. — Arbre retourné donnant des feuilles aux racines.

Si les merveilles de la végétation frappent nos yeux par l'ordre et la beauté des scènes visibles, si le microscope étonne notre imagination par ses révélations magiques, les phénomènes qui se passent dans l'intérieur de la terre sont encore plus dignes de notre admiration. Les racines fixent la plante et vont puiser les substances alimentaires propres à l'entretien de sa vie; celles-ci sont ensuite répandues par des canaux invisibles dans toutes les parties et distribuées à chaque organe suivant sa nature propre. Dans le même sol, dans la terre de même composition chimique, plantez des sujets les plus différents les uns des autres; que ce soit le chêne ou la plus humble graminée, le plus vulgaire légume ou la fleur la plus délicate, tous y enfonceront leurs racines pour y aller chercher des principes divers

5

qu'ils s'assimileront selon la prédestination mystérieuse de la conservation des types d'espèces. Chaque petite radicelle pénétrera à la profondeur voulue, discernant (s'il est permis de s'exprimer ainsi) ce qui lui convient, s'allongeant vers les points les plus avantageux à l'élaboration des principes qui lui sont nécessaires. Dès que l'enveloppe de la graine est brisée, le jeune embryon s'échappe de son berceau, en lançant une petite racine, base future d'un tronc d'arbre, pendant qu'au-dessus surgit à la lumière une petite tige naissante. La vie se concentre en partie dans les racines ; malheureusement, la terre opaque jette un voile bien difficilement pénétrable sur les mystères de leurs fonctions.

Les parties souterraines de la plante sont essentiellement formées d'un tissu cellulaire, comme les parties aériennes. Sous le rapport de la forme, de la consistance et de l'élaboration, elles ne diffèrent les unes des autres qu'en raison du milieu qu'elles habitent ; faute de lumière, les racines sont privées de chlorophylle, mais chaque rameau n'en a pas moins une fonction d'élaboration et de sécrétion. Le canal médullaire se prolonge dans la racine, jusqu'à ce qu'il soit supprimé par l'entre-croisement des fibres. Au milieu d'un tissu cellulaire plus ou moins absorbant, les fibres radicales naissent comme pour la tige, et les vaisseaux ont une réunion centrale, analogue aux rayons médullaires. Ils ne se produisent pas constamment, car les fibres de la racine deviennent plus flexueuses, circonstance où il y a *anasmose.* On y rencontre rarement des trachées déroulables ou des vaisseaux ponctués ; la betterave cependant fait exception ; les racines sont sillonnées par des tubes poreux ou vaisseaux réservés aux sucs ;

elles sont enveloppées d'une couche de substance uniquement cellulaire qui termine également l'extrémité
des fibrilles ; cette extrémité est légèrement dilatée et
composée d'un tissu particulier, nommé *spongiole*, que
l'on supposait jadis être une sorte de petite éponge destinée à l'absorption des sucs nécessaires à l'alimenta-

Fig. 41. — Extrémité d'une fibrille de racine × 200.

tion. On attribuait à cet organe le rôle important de la
nutrition ; mais le botaniste anglais Knight a démontré que les racines ne pompent pas de liquides par leur
extrémité ; c'est seulement par leur surface, et spécialement par celle qui est près de l'extrémité inactive où
se montrent les poils radicaux, que doit se produire le
phénomène de l'absorption.

Pour se rendre compte de la manière dont les liquides
sont pompés par la racine, plusieurs botanistes ont
essayé de faire pénétrer des liquides colorés, comme
cela se pratique dans les préparations anatomiques, soit

naturellement, soit par fusion. Il ne suffit pas de plon-
ger une racine dans un vase contenant un liquide coloré
et de laisser l'imbibition se faire naturellement, il faut
la faire absorber dans la terre même par les racines pendant leur élaboration. Tantôt le principe colorant a été
absorbé, tantôt il n'a pas laissé de trace : contradiction
difficile à expliquer entre les différentes expériences.
L'une des plus remarquables est celle d'Einger sur des
jacinthes à fleurs blanches ; les ayant arrosées abondamment avec de l'eau colorée en rouge par les fruits du
Phytolacca decandra, il vit que la teinte rouge était
absorbée par les faisceaux fibro-vasculaires et formait
des stries nettes sur les corolles blanches des fleurs.

L'idée de faire germer des graines en les plongeant
dans l'eau n'est pas neuve dans la science : Humboldt a
prouvé que des graines trempées dans l'eau de chlore
germent et mieux encore que dans les circonstances
ordinaires. Les racines n'absorbent pas l'eau à l'état de
vapeur, mais seules fournissent toutes le liquide nécessaire à la plante. Débarrasser l'économie de l'excédant d'eau est au contraire la fonction de la partie
aérienne.

Les racines de certaines plantes, lorsqu'elles pénètrent dans les tuyaux de drainage, se développent avec
une telle activité, qu'elles forment des masses cheve-
lues, dites queues-de-renard, qui obstruent les tuyaux ;
cette observation montre suffisamment que ces organes
peuvent vivre et se multiplier, bien qu'entièrement
submergés.

Pour se rendre compte de la quantité d'eau que peut
absorber la racine, on élève des plantes, les unes suspendues de telle sorte que leurs racines flottent dans

l'eau ordinaire, les autres plongeant leurs racines dans l'eau chargée de détritus de fumier, les dernières enfin dans un sol normal, dans la terre. Une fois la plante parvenue à l'état de développement désiré, on arrête la végétation et on la lave soigneusement pour enlever toute trace de matière étrangère ; on l'égoutte, puis on sépare pour chaque sujet les divers organes, racine, tige, feuilles ; on les pèse séparément à l'état frais. On les fait ensuite sécher dans une étuve. Alors, en les pesant de nouveau après dessiccation, on constate la quantité de liquide perdu, et la différence donne le poids de l'eau absorbée. Il faut étudier toutes les séries à diverses périodes d'avancement. Le résultat démontre que la proportion d'eau contenue dans la racine est beaucoup plus grande que celle renfermée dans la tige. Tantôt il

Fig. 42. — Endosmomètre pour mesurer la diffusion des liquides à travers une membrane poreuse.

arrive que la végétation dans la terre donne plus d'eau que celle qui s'est effectuée dans l'eau même, tantôt le contraire se produit. La racine a donc la propriété de ne prendre que la quantité de liquide qui lui est nécessaire pour remplir ses fonctions vitales. Elle a aussi celle d'absorber tel ou tel des éléments contenus dans la terre, et la trop grande vigueur de végétation

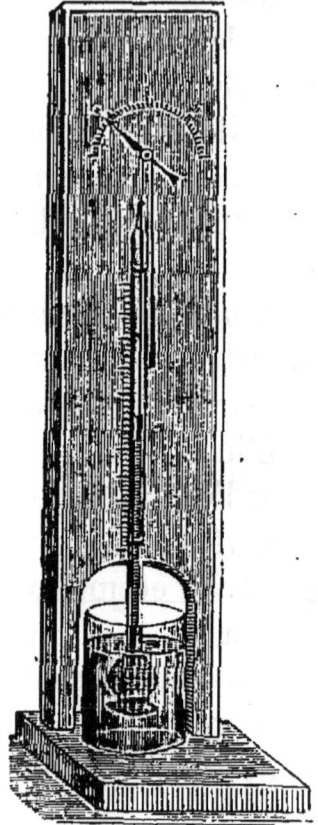

épuisé le sol, qu'il faut laisser reposer ou fertiliser.

L'exubérance d'élaboration produit chez quelques plantes de remarquables anomalies. La question des engrais azotés attirait l'attention de commissions scientifiques ; à ce propos, on citait un fait connu, mais très-curieux : on sait qu'en mettant près d'une fourmillière le corps d'un animal mort, les fourmis en laissent le squelette à nu et que les os se trouvent nettoyés, comme si un préparateur de pièces anatomiques avait fait cette besogne avec tout l'art possible. Eh bien, le baume de coq (*Balsamina suaveolens*) opère encore mieux : à l'aide des racines, il attaque et digère complétement les chairs et les os des animaux enveloppés dans son rhizome. M. Babinet cite plusieurs exemples prouvant qu'il y a peu de plantes plus voraces et plus carnassières. Il mit un pigeon mort au pied du baume, et l'animal fut entièrement absorbé par la plante en quelques semaïnes.

Les racines peuvent offrir des manières d'être fort diverses en raison des modifications qu'elles subissent sous plusieurs rapports d'une plante à l'autre. Un phénomène curieux, inexpliqué jusqu'ici, est l'action de la culture sur l'accroissement de certaines racines. Si l'on étudie le développement de la carotte sauvage, on voit le tissu ligneux s'augmenter de plus en plus, tandis que la colonne de cellules lâches, aqueuses, qui se trouvent au centre et représentent la moelle, semble rester à peu près stationnaire. Chez la carotte cultivée, au contraire, les fibres n'augmentent pas, tandis que la partie succulente de la racine prend un accroissement considérable. On est ainsi parvenu à convertir par des soins répétés une racine inutile en un comestible savoureux.

Comment les racines s'assimilent-elles les éléments solides, liquides et gazeux ? Ces curieuses fonctions s'accomplissent en silence, à l'abri de nos regards, ne déviant jamais des principes dictés par la nature. C'est encore un des nombreux *arcanes* de la science.

Chez certains *Begonia*, l'enracinement est si facile, qu'un jardinier allemand, ayant haché une feuille en plusieurs centaines de petits morceaux, a obtenu de ceux-ci autant de boutures distinctes. On connaît aussi le développement prodigieux du gui (*Viscum album*), parasite des arbres à haute tige, où il n'existe pour toute racine qu'une radicule presque invisible, qui reste empâtée dans la tige. Vaucher affirme que le réseau caché des prêles est si étendu, qu'un même pied peut donner naissance à tous les individus d'un marais et que ce réseau peut être lui-même plus âgé que les plus vieux arbres de la terre. Dans les grands végétaux nous remarquons le figuier des banyans des Indes (*Ficus Bengalensis*), dont les longues branches horizontales donnent naissance de distance en distance à des racines adventives, descendant droit sur le sol ; elles s'y enfoncent, émettent des racines nouvelles et ne tardent pas à prendre tous les caractères d'un nouveau tronc. Ces arbres deviennent avec le temps une forêt d'un seul arbre, pouvant abriter des caravanes entières.

Terminons ces citations destinées à montrer l'énergique vitalité des racines en rappelant la célèbre expérience classique de Duhamel. Il prouva que la racine est identique aux rameaux réguliers, et que le même organe peut être à la fois tige et racine. Pour le prouver, on plante un arbre la tête en bas ; les racines, conservées avec soin à l'arrachage, sont ainsi à la place

des branches et des feuilles. L'arbre ne meurt pas
pour être ainsi renversé : la partie enterrée de la tige
devient racine ; mais l'extrémité des branches et ce
qui est resté près du sol produit encore des branches
chargées de feuilles. La portion primitivement souter-
raine finit par former une véritable cime feuillée. Il
n'y a cependant pas transformation véritable de la tige :
ce n'est qu'une production de racines adventives par
les branches.

VI

ORGANISATION ET DÉVELOPPEMENT DE LA TIGE

Diversité des genres de tiges. — Examen d'une coupe. — Moelle. — Rayons médullaires. — Régularité géométrique. — Dérogation à la symétrie. — Comment se forme le bois. — Opinions anciennes et nouvelles. — Expérience de dénudation. — Fait naturel probant d'un tilleul. — Curieux effets de symétrie dans l'accroissement anormal. — La tige des palmiers a une organisation spéciale. — Tiges creuses simples. — Tige creuse composée des prêles. — Circulation des liquides et des sucs nourriciers. — Expériences et faits à l'appui.

Les racines se dirigent toujours vers le centre de la terre ; non qu'elles soient *attirées*, comme on disait autrefois, par la substance alimentaire, mais par l'effet de la pesanteur. Ainsi, Dutrochet suspendit en l'air un vase rempli de terre et percé de trous au fond ; des haricots furent semés dans ces trous. Les radicules furent attirées par l'humidité du terreau, mais descendirent dans l'espace vide, tandis que les tigelles s'enfonçaient dans la couche de terre, qu'elles ne pouvaient soulever. Knight, de son côté, a démontré que la force centrifuge influe sur la direction des racines. Ainsi, des graines étant mises en germination sur le cercle d'une roue

qui tourne constamment, les radicelles se dirigent toutes vers le centre de la roue.

La majesté des arbres est le caractère le plus important de la décoration d'un paysage ; les beaux arbres
embellissent le domaine de l'heureux habitant des
campagnes ; l'arbre est l'expression de la force, de la
puissance et du travail de la nature. Aussi quand le
moment est venu d'y porter la cognée du bûcheron,
quand il tombe sous ses coups répétés, un vague sentiment de tristesse saisit l'âme de celui qui s'est abrité
à l'ombre de ses branches pendant une partie de son
existence.

Les effets de la température contribuent à amener
des modifications sensibles dans l'organisation des végétaux et par conséquent dans leur tige. Lorsqu'on étudie les variations météorologiques extrêmes que peut
subir une même région, on reconnaît que la température ne peut varier qu'entre certaines limites, lesquelles
peuvent d'ailleurs laisser une assez grande différence
entre la plus basse et la plus élevée. Les climats tempérés occupent la surface du globe la plus considérable
et sont les plus favorables à la multiplicité et à la croissance des espèces végétales.

Parmi les plantes si diverses et pourtant si nombreuses, les dimensions affectées à la tige varient dans
d'immenses proportions. Dans la mousse, dans le brin
d'herbe et dans de plus petites plantes plates, le microscope nous révèle que la tige n'est qu'un fil. Puis,
en suivant la graduation, nous arrivons jusqu'aux
géants des forêts. Le *Sequoia gigantea* de Californie
parvient à 90 mètres de hauteur jusqu'aux premières
branches, et le tronc a de 8 à 9 mètres de diamètre.

En Australie, certains arbres atteignent une merveilleuse grandeur, par exemple les *Eucalyptus colossea*; l'un d'eux, mesuré dans les gorges du fleuve Warren, était haut de plus de 100 mètres; dans son tronc creux trois cavaliers pouvaient se mouvoir et tourner sans descendre de cheval. M. Bayle a mesuré dans les défilés de Dandenong un *Eucalyptus amygdalina* renversé, qu'il a trouvé long de 140 mètres et dont le diamètre à fleur du sol avait 13 mètres. Dans l'île de Cos existe un platane que la tradition fait remonter à Hippocrate (460 ans av. J.-C.); le tronc a 9 mètres de circonférence; les racines sont enveloppées d'un soubassement en maçonnerie et plusieurs branches ont 3 mètres de circonférence.

Ces géants sont loin du domaine de la micrographie, quoique composés des tissus les plus délicats; mieux que leur tronc si grandiose, une jeune tige, étudiée au microscope, nous permettra de reconnaître tous les éléments de structure de ces organes encore inaltérés par le temps. En coupant diamétralement un rameau en voie de croissance, on remarquera toutes les parties constitutives nettement déterminées; les tissus encore tendres permettent d'isoler aisément chaque élément. Choisissons un exemple dans les Dicotylédonés, une tige de prunier (fig. 43). On voit au centre la moelle, sorte de colonne occupant invariablement l'axe de la tige, ayant un tissu cellulaire plus accentué et rempli de sucs. Chose remarquable, son plan affecte souvent différentes formes angulaires, indiquant le nombre des faisceaux primitifs et dans lesquels certains observateurs ont voulu voir un rapprochement avec la disposition des feuilles sur les branches : théorie ingénieuse

,et séduisante, mais dont les résultats n'ont pas toujours été confirmés. La moelle est le point de départ des vaisseaux longitudinaux, qui formeront plus tard la charpente de la tige. Elle disparaît peu à peu à mesure que les tissus s'indurent et prennent plus de vigueur. Organe spongieux chez les uns, plein chez les autres, elle remplit toujours les fonctions génératrices. « Par la

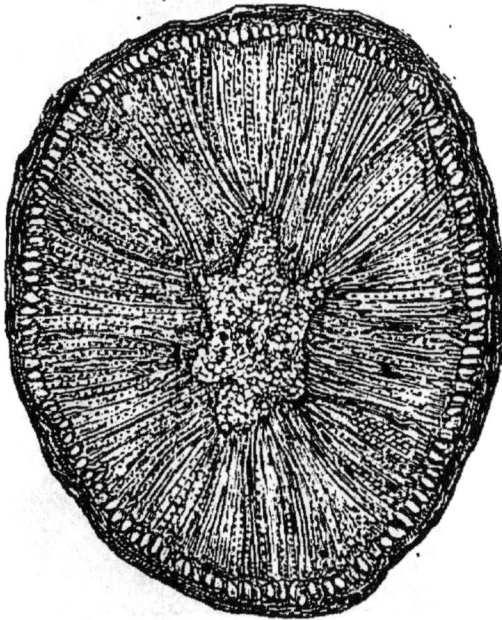

Fig. 43. — Coupe d'une jeune tige de Prunier × 10, indiquant les parties constituant la tige des Dicotylédonés.

constance de sa structure dans chacune des espèces des genres naturels, la moelle peut servir à distinguer ces genres et à décider de la valeur de certains groupes discutés et fondés sur l'organisation florale seule. Elle peut même servir à caractériser toute une famille et même toute une classe. » (A. Gris.) Selon la nature des plantes, elle contient des sucs divers ; parfois elle renferme de l'amidon ; ainsi dans plusieurs tubercules du genre pomme de terre, elle est tellement développée qu'elle constituera la plante elle-même. C'est avec la moelle de l'*Aralia papyrifera* que l'on fabrique le *papier de riz*, employé dans l'industrie à plusieurs usages.

L'hiver produit l'arrêt de la végétation : mais au retour des premiers beaux jours du printemps l'activité

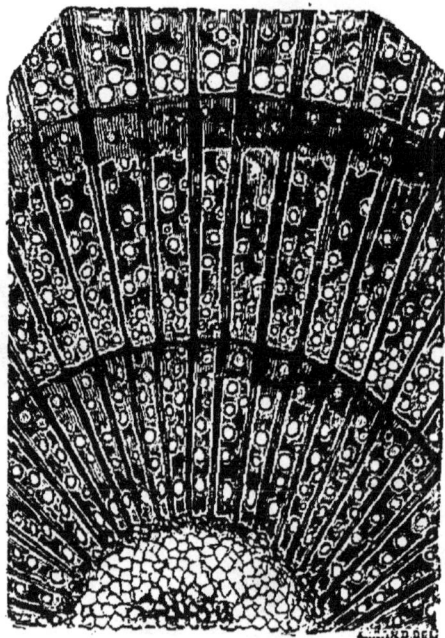

Fig. 44. — Fragment d'une coupe de Vigne × 50. Rayons médullaires prolongés à travers le tissu cellulo-vasculaire.

génératrice reparaît ; de petits rayons médullaires, à peine sensibles la première année, se prolongent la seconde et les suivantes à travers le bois et le *liber* de nouvelle formation. Il se produit aussi de nouveaux rayons qui s'étendent dans toute l'épaisseur des contributions ligneuses précédentes. La section d'une branche de vigne (fig. 44) met en évidence nettement accusée les rayons médulaires prolongés régulièrement à

travers le tissu cellulo-vasculaire. Dans les tiges dont
le tissu ligneux est compacte, comme le buis, le poirier, le charme, ils sont beaucoup moins sensibles, tandis que chez certains herbacés ils sont notablement
plus épais.

Le bois est donc ainsi formé de zones concentriques
emboîtées les unes dans les autres, comme des étuis
étroitement soudés. Elles sont divisées par des rayons
médullaires en ramifications symétriques invariables

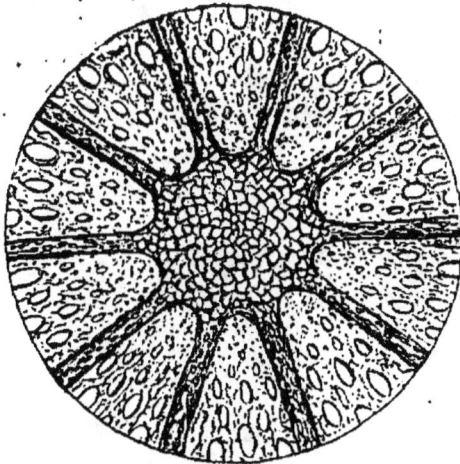

Fig. 45. — Coupe de la partie centrale de la Clématite × 10 (*Aristolochia
clematitis*). Rayons médullaires épais.

pour une même espèce ; toujours la même disposition
et le même nombre de rayons. Ainsi dans la Clématite
(*Aristolochia clematitis*), ils apparaissent avec une
épaisseur prononcée en se maintenant équidistants. Que
la tige soit coupée en haut ou en bas, sa physionomie restera toujours la même. Chaque individu obéit ainsi à
des principes géométriques, dont il ne se départit pas
plus que le constructeur ne sort des applications de la
ligne droite ou de la ligne courbe dans les édifices qu'il

élève. On remarque pour l'ensemble des végétaux une continuité parfaite entre la zone génératrice de l'organe et celle de l'axe sur lequel il naît ; cette continuité persiste entre l'axe et les nervures, mais celle des nervures et celle du parenchyme s'éloignent l'une de l'autre par suite des progrès de la végétation.

Quoique la régularité soit le système prédominant dans la structure de la tige, comme dans la plupart des

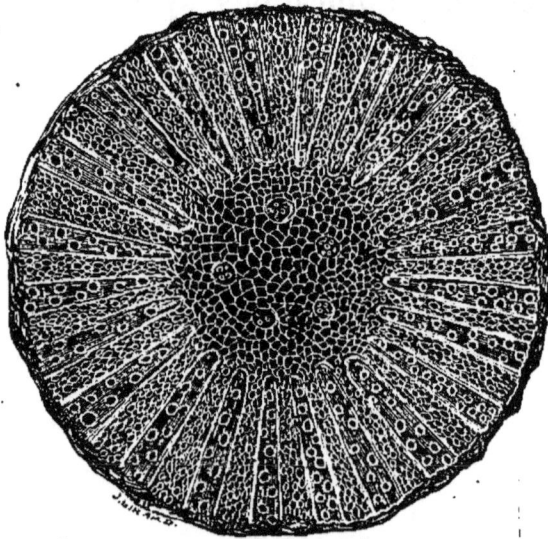

Fig. 46. — Tige du Poivrier noir × 20. Coupe d'une jeune branche d'un an.

œuvres de la création, les exceptions se rencontrent fréquemment et confirment la règle, suivant la loi du proverbe. Il suffit d'avoir vu un morceau de bois scié pour reconnaître, dans chaque couche annuelle, que le développement est plus prononcé d'un côté que d'un autre. Ce fait peut provenir de causes complexes, au premier rang desquelles il faut placer l'exposition ; le nord donne un bois à texture plus dense, tandis que les couches du midi ont un tissu plus lâche, plus porté à

l'extension. Selon M. Musset, l'observation directe de
plus de quatre cents arbres l'aurait conduit à affirmer
que *tous* ont un tronc elliptique et que le grand axe de
l'ellipse est sensiblement dirigé de l'est à l'ouest. Cette
direction oscille entre des limites restreintes et ces variations toujours légères dépendent de causes accidentelles qu'il est facile d'apercevoir. Puisque la force
centrifuge développée par la rotation de la terre dévie
de la verticale tout corps tombant en chute libre, il pa-
raîtrait jusqu'à un certain point rationnel d'admettre
que les arbres subissent une même influence.

La différence des couches ligneuses est la conséquence
de la diversité des conditions dans lesquelles elles ont
été produites. Au commencement de l'année, la séve
circulant rapidement donne naissance à de larges vaisseaux; lorsque plus tard elle a moins d'énergie, ils se
rétrécissent; à la fin de l'année, la croissance s'arrête,
mais le travail de production du bois se poursuit encore
et la matière se montre presque dépourvue de vaisseaux. Ces progrès de la plante ont provoqué les commentaires des plus anciens botanistes. Dedu disait
en 1682 : « L'accroissement est dû à des portions microscopiques des sucs nourriciers qui s'unissent et,
selon l'ordre de l'arrangement, forment des branches,
des fruits, des feuilles... » Grew, le père de la micrographie botanique, s'exprimait ainsi il y a deux
siècles : « Il y a certaines choses qui se peuvent
observer dans la tige plus que dans les autres parties
des plantes. On y peut voir, par exemple, comment le
corps ligneux grossit et s'augmente en largeur; car le
corps ligneux des tiges qui ont crû pendant plusieurs
années est manifestement composé de plusieurs petits

cercles qui se sont formés les uns sur les autres. Ce qui
fait voir que, le corps ligneux poussant tous les ans plusieurs petites fibres dans le parenchyme de l'écorce, et
l'espace qu'elles laissent entre elles se remplissant ensuite par de nouvelles fibres qu'il y pousse encore, elles
forment à la fin toutes ensemble un cercle entier qui
augmente aussi la grosseur du corps ligneux et qui sert
de fondement à un nouveau cercle pareil ; ce qui arrive
toujours ainsi, jusqu'à ce que l'arbre ou la plante soient
arrivés au dernier degré de l'accroissement. »

De nos jours, deux théories avaient été soutenues sur
la formation du tissu ligneux et avaient engendré de
vives discussions entre botanistes. Dans le premier camp,
la théorie consistait à expliquer la superposition des couches en soutenant que l'écorce et le tissu naissent à la fois
da͟i͟ toute l'étendue des branches des végétaux, points
par points, sous l'influence d'une nutrition répandue partout, bien que déterminée et entretenue simultanément
par les fonctions des racines et des feuilles ; les racines
servent de point de départ à la séve montante et les
feuilles accomplissent la même fonction pour la séve
descendante. Dans le second camp, on expliquait la formation des tissus fibreux vasculaires, etc., en disant
qu'elle commence à la base des bourgeons ou , des
feuilles, par conséquent en haut, et se prolonge en descendant jusqu'aux racines, comme une nappe en bois.
En résumé, dans le premier système, la séve porte les
matériaux partout et la force végétale les transforme en
chaque point du sujet en même temps. Dans le second,
cette transformation n'a lieu que successivement par
propagation de haut en bas.

M. Hctet, professeur de botanique à Toulon, ayant

privé de son écorce une partie de tronc ou de branche, a chaussé la partie dénudée d'un manchon de verre afin de la mettre à l'abri de la dessiccation aérienne et l'a abritée d'un voile pour la soustraire à l'action de la lumière : tout cela afin que la végétation et la circulation de la séve pussent continuer le long de la couche supérieure du bois non desséchée. Il a observé pendant plusieurs années et a fini par acquérir la conviction que l'écorce et le bois qui se sont reformés se composaient simultanément durant leur formation sur les points du plan d'épreuve ; il n'y a pas eu de propagation descendante. Ayant soumis à la même expérience un laurierrose, arbuste à suc laiteux bien caractérisé, le végétal a souffert de sa privation d'écorce. Il se forma des plaques d'une écorce nouvelle avec des vaisseaux remplis de suc laiteux. Il résulterait de là que l'écorce n'est qu'une sorte de vêtement qui empêche les canaux de la séve de se fermer et de se dessécher et que c'est dans le bois même et plus ou moins près de sa surface qu'elle se propage. L'expérience a été continuée sur un *Yucca aloifolia* ; la tige a été décortiquée sur une étendue de 0^m,40 tout autour ; de plus, la partie décortiquée a été coupée à moitié, de manière à ne plus former qu'un demi-cylindre ; elle a continué à grandir et elle a poussé de 0^m,20 de hauteur pendant les deux ans qu'a duré l'épreuve. Autour de la section supérieure de l'écorce il s'est produit un bourrelet, d'où sont sorties des racines adventives qui ont rempli le manchon de verre.

Un exemple prouvera que la décortication naturelle peut ne pas arrêter la végétation. M. Trécul cite à Fontainebleau un tilleul écorché, dont le corps ligneux dépourvu d'écorce était si vermoulu et si desséché à la surface, qu'on l'eût dit entièrement mort. Son plus grand diamètre n'était que de 0^m,10 et le plus petit de 0^m,055. Bien que l'axe ligneux fût limité d'une façon si grande, la végétation n'en paraissait pas ralentie depuis trente ans.

Voici un autre exemple du même genre, rapporté par M. Lindley, 1852 (*Gardener's Chronicle*). Il s'agit d'un vieux pommier élevé contre un mur exposé au sud, dont une branche, plusieurs années auparavant, avait été endommagée près de sa jonction avec la tige ; et cependant elle avait continué de vivre, bien que le point d'union eût été réduit à la plus petite portion possible de *duramen* et que l'écorce et l'aubier manquassent.

Le type régulier d'organisation de la tige que nous avons pris pour exemple est celui qui domine dans le règne végétal, celui qu'on retrouve chez tous les dicotylédones à peu près. Mais on rencontre plusieurs végétaux qui s'en écartent sans pour cela être considérés comme des anomalies. Ils conservent les éléments : le bois, l'écorce et la moelle, tout en présentant de bizarres combinaisons et des singularités remarquables, comme les Nyctaginées et les Pipéracées. Les lianes des forêts tropicales s'enroulent de la même manière que les torons d'un câble ; les tigelles réunies naturellement se tordent en nœuds, quoique sans se souder à leurs voisines. Un grand nombre de plantes des pays chauds ont une structure interne capricieuse, et leur forme extérieure présente de fortes saillies. Gaudichaud rapporte que dans les tiges des Bégoniacées des bords du Guayaquil la tige est cruciée : circonstance due, selon lui, « au développement des premières feuilles et conséquemment à la disposition primitive des vaisseaux de leurs mérithalles alternes croisés et successivement couverts plus tard dans le même ordre par les vaisseaux qui viennent en dessous, en descendant de toutes les autres feuilles. » Dans les lianes du genre Bauhinia, le développement du

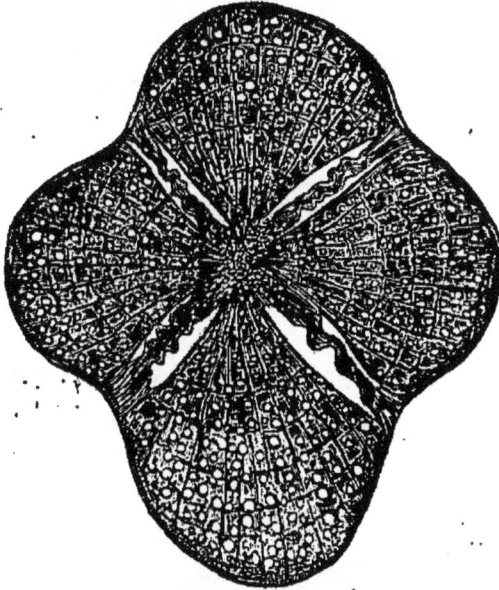

Fig. 47. — Coupe de *Begonia capreolata* × 15. Tige cruciée |par l'enfoncement des lames d'écorce dans le bois.

bois se fait symétriquement en certains endroits et irrégulièrement en d'autres ; la tige de ces sortes de lianes offre tantôt l'apparence d'un ruban, tantôt est arrondie en faisceau. Les combinaisons variées de l'écorce avec le bois donnent lieu à de singulières anomalies qui dans les coupes se traduisent quelquefois par des arabesques étranges. Chez d'autres arbres exotiques, la formation ligneuse secondaire rend impossible l'assimilation avec les branches ; suivant Nægeli, le corps li-

gneux central existe d'abord seul, mais non à la périphérie et le *cambium* ne s'y produit pas simultanément ;
il reste alors en dehors deux parties distinctes qui ser-

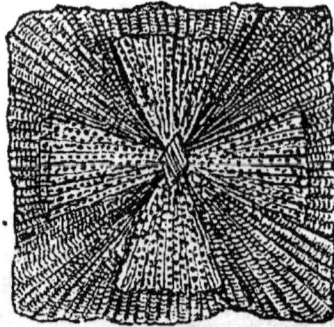

Fig. 48. — Coupe diamétrale de Liane du genre *Bauhinia* × 5,
présentant une combinaison symétrique.

vent d'origine à ces sortes de développements ligneux
anormaux. Ainsi (fig. 49), dans une espèce de bois des

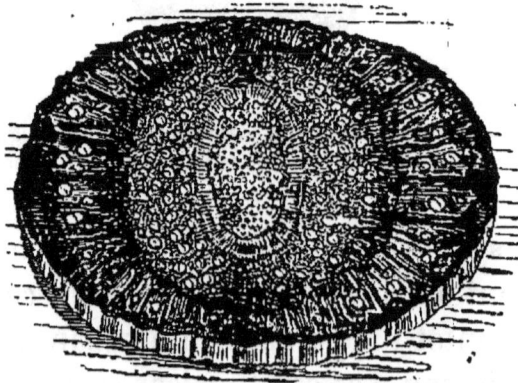

Fig. 49. — Coupe diamétrale de Goorkoom (bois des Indes) × 5. Formation
secondaire de corps ligneux opposés.

Indes, nommé *Goorkoom* par les indigènes, il existe au
centre une masse médullaire autour de laquelle a crû
un système ligneux et cortical complet ; dans un second
développement il s'est produit à la périphérie, ou mieux

aux deux côtés de l'ellipse, une autre formation symétriquement disposée, faisant partie intégrante de la tige,
quoique semblant y être accolée ; elle n'en diffère que
par une légère diversion dans le tissu fibro-vasculaire.
Certaines fougères offrent une masse centrale de couleur
sombre, dont la section transversale représente assez
bien la silhouette d'un aigle.

Les mêmes caractères physiologiques sont généralement affectés par une division du règne végétal ayant
les mêmes points de départ. Jusqu'ici nous n'avons
envisagé que la tige des dicotylédones, composée de plusieurs zones concentriques, ce qui les distingue nettement de celle des monocotylédones. Celle-ci se carac-
térise par l'absence de moelle centrale divergente vers
la circonférence et des couches concentriques successives. Beaucoup plus simple, elle ne comporte qu'une
zone interstitielle dans laquelle s'opère l'accroissement
et qui est interposée entre le centre et le système cortical. Les fibres sont dispersées sans ordre au milieu d'un
tissu abondant. Les palmiers, type le mieux caractérisé
de cette classe, offrent dans leur section des faisceaux
épars que le tissu réunit en une masse ligneuse continue. Nous voyons (fig. 50), dans une coupe microscopique de *Plectonia elongata*, la masse homogène interrompue par des faisceaux fibro-vasculaires, répartis
suivant un certain ordre au milieu du tissu ; la ligne
qui les relierait entre eux formerait en quelque sorte un
nœud.

Les céréales, les bambous et les roseaux constituent
un type à part, leur tige étant creuse. Ce vide axillaire
résulte du déchirement du tissu mou central à l'époque
première de son développement. La zone annulaire

restante provient de l'entrelacement des faisceaux fibreux qui s'étendent dans toute la longueur. Il a été

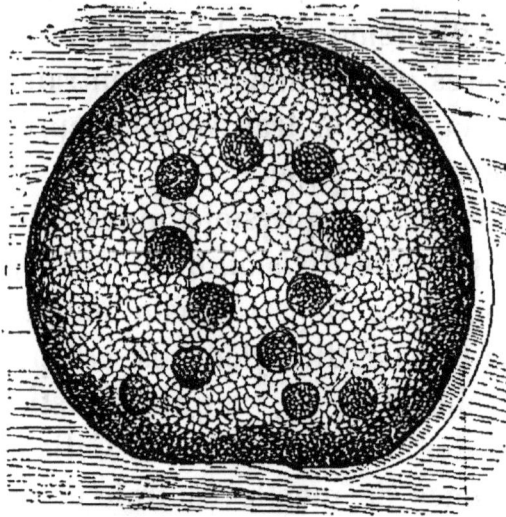

Fig. 50. — Coupe de *Plectonia elongata* × 15. Faisceaux libro-cellulaires au milieu d'un tissu spongieux.

donné à tout le monde de constater combien la rigidité du chaume est supérieure aux tiges pleines de même

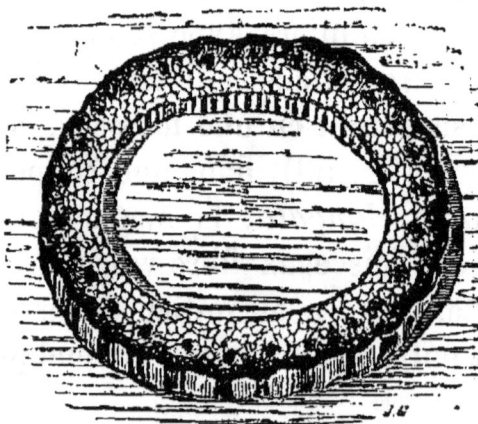

Fig. 51. — Chaume du Blé coupé transversalement × 50. Tige creuse et zone annulaire consolidée par des vaisseaux fibreux F.

diamètre. Ces faisceaux résistants, répartis tout autour

de l'anneau, contribuent à opposer une grande résistance à la flexion : don de la prévoyante nature, qui permet au blé de s'incliner sous le vent et de se redresser
immédiatement, malgré l'épi dont sa partie supérieure
est surchargée. Quelle est la graminée dont la tige pleine,
à diamètre égal, et aussi élevée, supporterait à son sommet un poids comme celui de l'épi de blé, sans se courber
vers le sol? Ces petits faisceaux libériens ou fibreux se
rencontrent dans la plupart des tiges analogues, comme

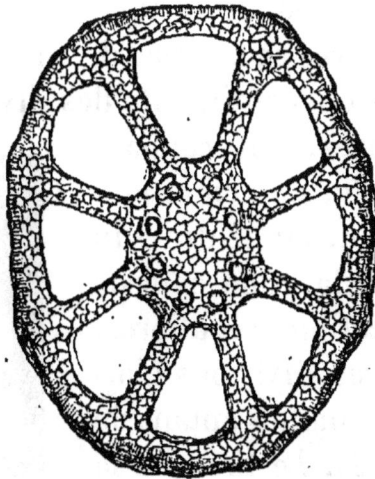

Fig. 52. — Coupe de tige creuse de Prêle × 15. Disposition rayonnante
reliant la partie centrale à la périphérie.

celle du seigle, où cependant ils sont moins évidents que
dans le blé.

Les acotylédones, qui comprennent les derniers représentants de l'échelle végétale, comptent un grand nombre de plantes chez lesquelles la tige manque totalement ; tels sont les champignons, les algues et une
foule de plantes presque microscopiques. D'autres, les
lycopodiacées, portent dans leur tige une bifurcation
normale dont l'extrémité a des bourgeons égaux. Une

des plus curieuses études à faire dans ce genre par le micrographe est celle des prêles (*Equisetum*), que l'on rencontre en quantité dans toutes les prairies flottables ou simplement humides. Lorsque la prêle se développe, elle a peu de tissu cellulaire et elle est enduite d'un liquide semi-granuleux et visqueux. Cette masse se termine par une cellule dont la multiplication répétée est le point de départ du développement en longueur. La cellule terminale est formée d'une lentille dont l'axe est l'exacte continuation de la tige. La multiplication des cellules intérieures se fait par division horizontale et il y a une répétition continuelle des divisions longitudinales alternatives. En coupant une tige de prêle, on remarque, même à l'œil nu, au centre, un faisceau relié à la zone externe par des ramifications régulières, laissant entre ces divisions cloisonnées et rayonnantes autant de lacunes (fig. 52). Le tissu de la tige se compose généralement : 1° d'un groupe de fibres corticales à parois très-épaisses et à petites cavités ; 2° d'un groupe de cellules remplies de chlorophylle ; 3° d'un tissu cellulaire lâche et incolore. Suivant les es-

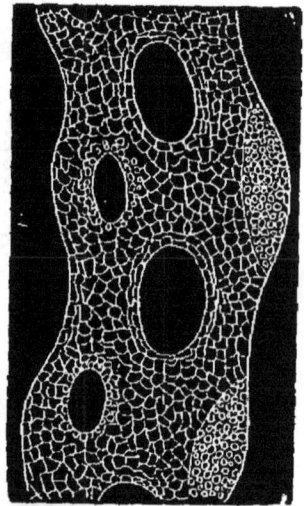

Fig. 53. — Fragment de tige de Prêle. Faisceaux fibreux et côtes saillantes. Cavités dans l'intérieur du tissu.

pèces, des côtes saillantes en nombre variable sont alternées dans l'épaisseur du tissu cellulaire correspondant avec certaines lacunes simples ou répétées, tandis que d'autres lacunes, combinées avec des saillies de faisceaux corticaux, se traduisent en expansions internes ou externes. Dans certains cas, les faisceaux fibreux et les vides intérieurs affectent des dispositions d'une remarquable symétrie. Ils correspondent toujours aux côtés extérieurs et se composent de fibres étroites (fig. 53 et 54).

Nous voyons dans toutes les tiges une quantité de perforations réparties de diverses façons. Quel est leur rôle dans la vie de la plante? car, dans cette merveilleuse organisation, tout a sa raison d'être ; il faudrait être aveugle pour les envisager comme un effet du hasard. Il semble naturel de penser que les organes divers contenus dans la tige continuent l'absorption signalée précédemment par les racines. Les plantes sont avides d'eau; le liquide circule d'une façon qui se rapproche du mécanisme de la pompe. On a, du reste, remarqué qu'en été, quand on arrose des plantes fanées par l'ardeur du soleil, elles se redressent au bout de peu de temps, leur tissu s'étant pénétré très-rapidement du liquide qui leur manquait. Les règles de l'absorption, selon de Saussure, se résumeraient en quatre principales : 1° absorption des matières dissoutes dans le liquide, mais non en suspension ; 2° les solutions fluides sont plus facilement absorbées que celles qui sont chargées, d'où différence de pénétration des sels ; 3° l'eau pure pénètre plus aisément que les solutions ; 4° les plantes s'imprègnent indifféremment de solutions bienfaisantes ou nuisibles.

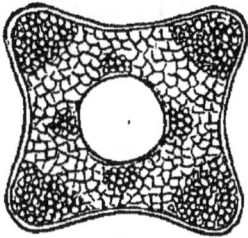

Fig. 54. — Coupe de tige de Prêle × 30. Disposition régulière des vaisseaux fibreux aux angles et autour du vide central.

D'après Bouchardat, les excrétions modifieraient la nature des sels. Liebig dit que la racine sécrète l'acide carbonique, ce qui rend solubles divers corps, comme par exemple les débris de cornes enterrées. Dans un autre cas, on a constaté que la racine de la *Colocasia antiquorum* jouit de propriétés antiputrides, tandis que la tige en est dépourvue. J. Schacht affirme que le maïs et le haricot dissolvent du marbre et du plâtre moulé. Pour le constater, il fit germer du blé, du maïs, des capucines, des haricots sur des plaques polies, sous du sable humide ; au bout de quelque temps, apparaissait l'image finement ponctuée de la racine en contact avec le marbre, tandis qu'il n'y en avait aucune trace sur l'albâtre ni sur l'ivoire.

La force de pénétration des liquides dans les tiges a été expérimentée par Hales de la manière suivante : il plaça un manomètre enté sur une jeune tige ; en notant le jour de la pose de l'appareil et la pression accusée ; au bout de douze jours, elle était fortement augmentée. Chez la vigne, où la circulation de la séve est si active au printemps, des expériences ont constaté qu'une surface de tige d'un centimètre carré pouvait soulever deux kilogrammes. La tension produite est supérieure à deux atmosphères ; elle est cinq fois celle du sang artériel du cheval.

L'ascension de la séve est le résultat final de différentes actions individuelles qui concourent au résultat collectif, quoique cependant elles puissent s'exercer isolément. Au nombre de ces actions diverses il faut distinguer la succion, la capillarité, l'imbibition, les variations de température, causes admises, en principe, comme agents principaux de cette mystérieuse force vitale distributrice, si bien coordonnée, des principes nécessaires à la végétation.

VII

DISSECTION DES FEUILLES

Généralités. — Bourgeon. — Apparition. — Construction du pétiole ou
queue. — Combinaisons compliquées. — Examen anatomique d'une
feuille de buis. — Organisation intérieure. — Lacunes aériennes. —
Structure raisonnée du système des nervures. — Différentes catégories.

Le printemps vient de naître ; des feuilles innombrables sont sorties des bourgeons. Dans chacune d'elles
se montrent les mailles d'un réseau délicat ; des cellules
de toutes formes viennent combler les interstices et se
revêtent d'une membrane translucide. Les plus capricieuses découpures délimitent leurs contours. Cueillez
au hasard quelques feuilles ; voyez avec quelle fraî-
cheur son parenchyme s'étale ; combien son organisation est savamment ordonnée !

Les feuilles sont les organes les plus importants de
la végétation ; ce sont elles qui, en se modifiant, deviennent mille autres organes, tels que diverses parties
de la fleur, les petites écailles qui entourent les bourgeons et celles qui se trouvent à leur base. Les feuilles
de la fleur sont les organes de la fructification. Les pre-

mières sont ordinairement vertes et bien développées,
elles offrent presque toujours un bourgeon à leur aisselle, c'est-à-dire au point où la base de la feuille se
sépare de la branche. Les secondes sont de couleurs
diverses, moins développées, et jamais on ne voit de
bourgeons à leur aisselle.

De même que tous les organes vivants, la feuille
passe par les états successifs de naissance, végétation,
et finalement dépérissement avec chute. Lorsque l'on
veut observer comment elle sort des branches, il est nécessaire d'isoler une de ses extrémités à l'époque du
retour de la nature à la vie et de la soumettre au microscope. On peut remarquer, à l'extrémité, un cône
mamelonné de petites protubérances qui ne sont autres
que des feuilles embryonnaires. A. de Jussieu décrivait
ainsi ses observations sur le *Sparganium ramosum* :
« Enlevons les trois premières feuilles réduites à leur
gaîne et considérons la quatrième. Le limbe plan n'y est
encore que pour un cinquième, les autres sont occupés
par la gaîne dont les bords repliés viennent se recouvrir
au delà de la ligne moyenne et cachent entièrement la
feuille suivante. Dans celle-ci, le limbe forme les deux
tiers supérieurs ; les bords de la gaîne ne se recouvrent
qu'en bas et ils sont dépassés un peu par la sixième
feuille, où un cinquième inférieur seulement est occupé
par la gaîne, dont les replis antérieurs ne s'atteignent
plus réciproquement. Ils sont réduits à deux lobes de
plus en plus petits dans les septième, huitième et neu-
vième feuilles, trop petites elles-mêmes pour que leurs
parties puissent être mesurées avec exactitude. Enfin les
dixième et onzième ne sont plus que deux petites masses
planes opposées l'une à l'autre. »

D'après M. Trécul, toutes les feuilles commencent
par une petite éminence composée de tissu cellulaire.
« La feuille du *Tropæolum majus* a cette éminence qui

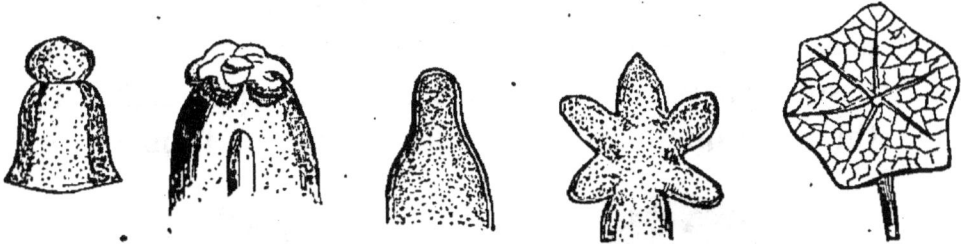

Fig. 55. — Développement successif de la feuille du *Tropæolum majus*
depuis la dilatation du limbe jusqu'à la formation normale.

forme, en grandissant, une écaille épaisse et ovale qui
se renfle et se dilate sur les côtés, de manière à présenter
inférieurement une partie rétrécie qui est le jeune pétiole et une autre au sommet qui répond à la nervure
médiane, au lobe médian ou terminal de la feuille, car
elle est lobée dans l'origine. La dilatation du limbe
fournit d'abord deux lobes latéraux près du sommet,
un de chaque côté du lobe terminal ; puis il en vient
deux autres immédiatement au-dessous ; enfin une troisième paire se développe plus bas encore. » Les lobes
deviennent de moins en moins sensibles avec l'âge, et
la feuille finit par arriver à sa constitution normale,
définitive, telle que nous la voyons à l'époque adulte.

On distingue deux parties dans la feuille : le *pétiole*
ou vulgairement la queue, et le *limbe* ou la feuille proprement dite. Le pétiole est une extrémité grêle, fort
variable dans sa forme et sa longueur. Dans certains
cas, comme dans les feuilles aciculaires des sapins, il
remplace la feuille, ou il est lui-même confondu avec
cet organe; dans d'autres, comme dans le tremble, il.

acquiert une grande longueur. Beaucoup de feuilles en sont entièrement privées.

Le pétiole est aussi le canal par lequel les vaisseaux de la tige se relient à ceux de la feuille ; il est composé d'un ou de plusieurs vaisseaux spiraux et de tissu ligneux renfermé dans une enveloppe cellulaire. On remarquera qu'il sort de la tige en formant des

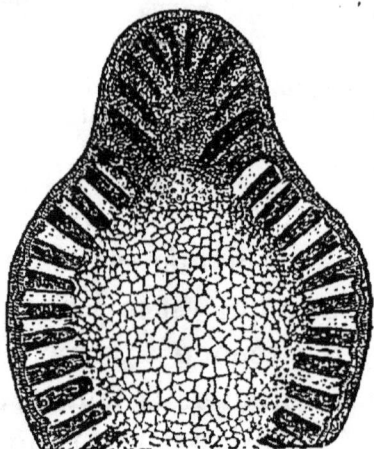

Fig. 56. — Coupe transversale d'une jeune tige de Vigne prise à la naissance de la feuille × 10.

Fig. 57. — Coupe de pétiole arqué de la feuille du Laurier-rose (*Nerium oleander*) × 25, se prolongeant nettement caractérisée dans l'épaisseur de la feuille.

faisceaux qui se rejoignent en masse et continuent, par son intermédiaire, tous les éléments constituants de la tige. Des fibres vasculaires se détachent du tronc pour venir construire la feuille. Dans les exogènes, les vaisseaux spiraux tirent leur origine de l'étui médullaire; tandis que dans les endogènes ils proviennent du tissu fibro-vasculaire.

Pratiquons une coupe de pétiole vers le milieu ; sa forme générale est celle d'un arc évidé ayant la partie arrondie en dessous. Si la coupe est faite à quelque distance de son point de soudure avec le limbe, on voit que, bien qu'il soit noyé dans l'épaisseur de la feuille, il n'est pas encore totalement absorbé par la nervure médiane, qui est en quelque sorte sa prolongation. Le pétiole est côtelé, plus rarement rond ; fréquemment creusé en gouttière ; comprimé par les côtés comme dans le tremble, organisation qui explique l'agitation à laquelle sont soumises ses feuilles au moindre vent.

Cette queue, qui paraît si peu digne d'attention par

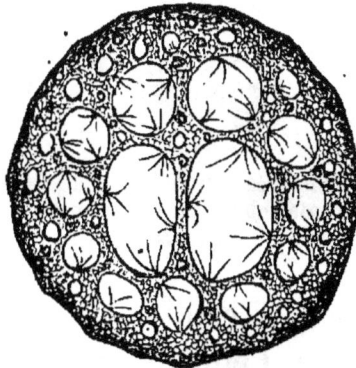

Fig. 58. — Coupe de pétiole du *Nymphæa alba* Linn. × 10. Il est rond avec des canaux aérifères garnis de poils.

rapport à sa construction interne, offre cependant plusieurs exemples intéressants pour l'examen microscopique. Ainsi celle du *Nymphæa alba* renferme des cavités aériennes, qui donnent à cette plante aquatique la propriété de flotter. Ces cavités, disposées selon une certaine symétrie, sont intérieurement garnies de poils.

Le *limbe* est la lame foliaire, la feuille propre ; les sections examinées attentivement au microscope montrent une grande variété d'organisation et de tissus complexes. On peut néanmoins les ramener à la généralité en les considérant sous leurs rapports élémentaires. Examinons, le scalpel à la main, une feuille de

buis; voyons les différents organes qui la composent : à
la partie inférieure de la feuille, il existe une membrane
facile à détacher, si l'on veut l'examiner séparément; il
suffit d'en découper légèrement un petit lambeau su-

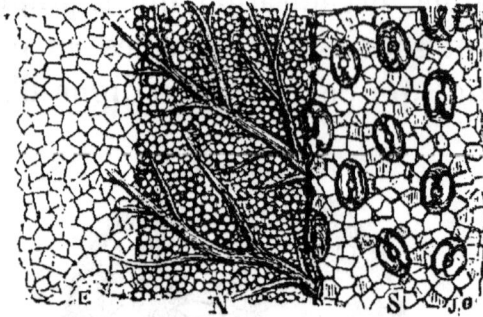

Fig. 59. — Anatomie comparée d'une feuille de Buis (*Buxus sempervirens*)
× 150. S. Épiderme inférieur avec les stomates. N. Nervures et masse du
tissu cellulaire. E. Réseau de l'épiderme supérieur sans stomates.

perficiel et de décoller celui-ci en le prenant avec l'extrémité d'une pince. Cette membrane offre l'aspect d'un
réseau fin, délié, de fibres agglomérées; c'est précisé-
ment cette texture qui lui donne une consistance semblable à celle d'une feuille de papier, permettant d'en
détacher des fragments sans les détériorer. Les ponctuations multipliées dont ce réseau est émaillé ont besoin
d'être vues sous un grossissement assez fort. Alors on
reconnaîtra de petites ouvertures comprimées entre deux
cellules saillantes, semblables à deux haricots collés
l'un contre l'autre. Ce sont les *stomates*, organes particuliers que l'on rencontre sur toutes les feuilles et que
l'on suppose jouer un rôle important dans les fonctions
respiratoires. Sous cet épiderme, appelé *cuticule*, nous
trouvons la charpente de la feuille, les nervures; elles
ne sont à proprement parler que la continuation du
pétiole; leur structure se simplifie, à mesure que les

ramifications successives de plus en plus multipliées deviennent plus ténues ; elles finissent par se confondre avec le tissu cellulaire, absolument comme dans le corps humain les nerfs se divisent en une multitude de branches, qui, subdivisées à leur tour, vont se confondre avec la chair. Les nervures ne produisent pas seulement la configuration du limbe ; elles font plus, car elles sont une voie de circulation par leurs vaisseaux intérieurs ; elles alimentent cette agglomération de cellules qui composent le *parenchyme foliaire.* L'épiderme supérieur compose le troisième plan qui fait l'objet de cet examen ; le réseau est polygonal, affectant la forme de l'appareil de construction que les Romains appelaient *opus incertum,* et dont les polygones ont trois, quatre, cinq, six côtés, selon le caprice du développement de la feuille. Rarement on rencontre l'épiderme supérieur pourvu de stomates ; elles sont toutes réservées pour la face inférieure.

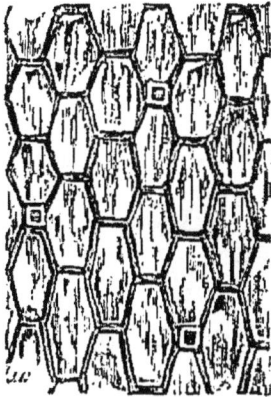

Fig. 60. — Épiderme d'Aloès × 250. Les ouvertures carrées sont des stomates.

En examinant une tranche de feuille coupée perpendiculairement à la surface, on retrouve les mêmes éléments que ceux indiqués précédemment, mais on est mieux à même d'envisager la composition du parenchyme, présentée ainsi sur toute son épaisseur. Au-dessous du cuticule, on observe une rangée de petites cellules ordinairement cubiques et différentes de celles de la partie médiane. Il semblerait qu'elles ont été ainsi disposées pour exercer une action protectrice sur celles du cœur de la feuille, quand même le parenchyme serait uniforme. Chez les plantes légumineuses, l'épiderme ne contient qu'une seule rangée de cellules, tandis que les plantes tropicales, exposées aux ardeurs du soleil, en ont un nombre plus considérable, agglomérées très-serré. Quelquefois elles sont rangées par stratifications, genre de structure désigné sous le nom de *parenchyme tabulaire*.

Le *mésophylle* (μέσος, milieu ; φύλλον feuille), partie

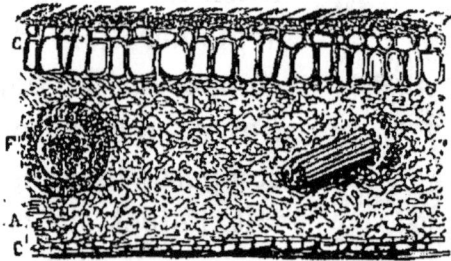

Fig. 61. — Coupe de feuille de Caoutchouc (*Ficus elastica* Roxb.) × 80. C. Cuticule ou épiderme supérieur avec disposition tabulaire. E. Faisceaux de fibres et de vaisseaux spiraux. A. Mésophylle. C'. Cuticule ou épiderme inférieur.

charnue qui constitue la portion la plus considérable de la feuille, n'est pas exempte de cas anormaux, tels que les vides ou lacunes aériennes qui proviennent de la distension, par suite de la croissance. Elles se présentent d'une façon très-prononcée dans les *Zostéracées*, dont les feuilles sont ainsi traversées de part en part dans le sens de l'épaisseur, ce qui leur permet de flotter. La *Zostera marina* forme des prairies flottantes dans certaines anses du bord de la mer, et, quand ses feuilles sont détachées du sol, elles viennent à la surface de l'eau, où on les recueille pour les brûler et en extraire des produits chimiques.

On rencontre aussi des vides intercellulaires disposés

dans le sens de l'épaisseur. Ainsi dans la feuille du *Magnolia* il y a des cavités réticulées à l'intérieur qui traversent la tige dans presque toute l'épaisseur, les unes.

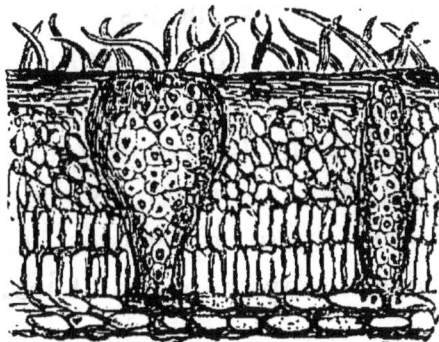

Fig. 62. — Coupe de Magnolia × 150. Cavités réticulées dans le parenchyme.

allongées, les autres renflées. Des vides interstitiels peu. vent, comme le sont beaucoup de cellules, être remplis de différentes substances et avoir une destination parti- culière dans les fonctions d'une plante. La fig. 63 in-

Fig. 63. — Coupe de feuille d'Oranger × 100. C. Cavités sphériques avec globules oléagineux F. Fibres. E. Epidermes et stomates.

dique les vides globulaires de la feuille d'oranger; on remarque à leur périphérie interne des petite bulles ou gouttelettes oléagineuses qui semblent résulter d'une sécrétion particulière des cellules du parenchyme. Ces cavités paraissent être le récipient du parfum de la

plante, car lorsqu'on la déchire, elle répand une odeur
très-prononcée, à peine sensible quand elle reste intacte.

Ces légers feuillages que les effluves printaniers font
sortir des plantes et que le zéphir agite perpétuelle-
ment, sont merveilleusement disposés selon les règles
de la statique et de la dynamique pour résister aux
assauts tumultueux des vents ; ils cèdent à leur violence
sans être aucunement détériorés. Les folioles de la
petite fleur des champs supportent les ardeurs du soleil,
que fuit celui qui les cultive, bravent les vents funestes
aux navigateurs, les pluies d'orage et les sécheresses de
l'été. Les fibres et les vaisseaux qui se séparent dans
l'épaisseur du limbe se transforment en une charpente
combinée dans son dessin et sa matière, de façon à lui
donner toute la souplesse et la
résistance dont elle a besoin. Il
n'existe pas d'espèces de feuilles
qui n'aient une organisation en
rapport avec la situation que
leur fait la nature. En laissant
séjourner une feuille dans l'eau
acidulée, le tissu se dissout et le
système de nervation apparaît
distinctement. Les principaux
caractères se résument à trois :
dans le premier, le pétiole prolongé porte des nervures auxquelles viennent en aboutir d'au-

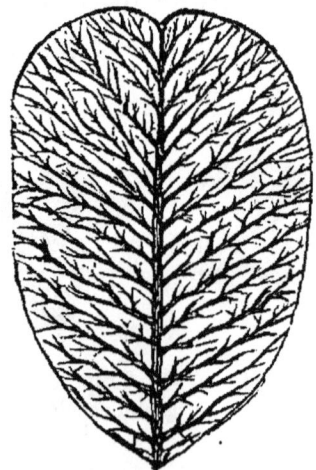

Fig. 61. — Système de nervation d'une feuille de Buis
× 8. (Feuille pennée.)

tres, qui à leur tour portent une seconde, une troisième, et même une quatrième nervation ; elles sont
alors disposées comme les barbes d'une plume, d'où

vient leur nom de *pennées*. Dans le second, elles se divisent en trois faisceaux, comme une main ou une patte d'oie, d'où la dénomination de *digitées*. Dans le troisième, elles sont parallèles entre elles, toutes de même grosseur comme dans les monocotylédones; ex. : la jacinthe. Cette classe porte le nom de *rectinerviées*.

Si les longues feuilles étroites et plates n'avaient pas dans l'intérieur de leur tissu cellulaire une sorte de

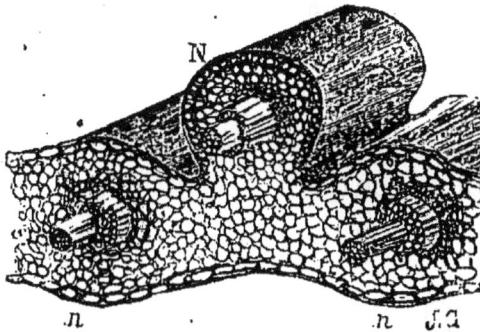

Fig. 65. — Nervation de feuille d'Œillet (*Dianthus caryophyllus*) × 80.
Feuille rectinerviée. N, *n, n.* Faisceaux de nervures engaînées.

monture dont elles sont garnies, elles ne pourraient se tenir droites; trop rigides, elles se briseraient au moindre effort; trop flexibles, elles traîneraient sur le sol, comme certaines graminées. En examinant la feuille rectinerviée de l'œillet, on voit aisément que le renflement de chaque côté est produit par un faisceau double de nervures engaînées, qui constituent la charpente flexible, quoique très-résistante, de cette feuille. La côte médiane est pourvue d'un faisceau saillant, jouant un rôle important de stabilité, car par son éloignement il modère la flexion.

Outre les systèmes de répartition des nervures dûment classifiés, il existe des exceptions ou plutôt des

modifications de types. Ainsi la feuille du *Prunus laurocerasus* offre une dentelle de ner-
vures labyrinthiformes, possédant
cependant une certaine disposition
méthodique dans son irrégularité.

On rencontre rarement des vaisseaux dans les feuilles ; leur organisation ne comporte pas cet
organe, réservé aux parties compliquées de la plante ; mais on
rencontre à certains points d'in-
tersection avec le pétiole des hé-
lices qui décrivent, en passant par
l'extrémité des pétioles, des lignes parallèles ou quel-

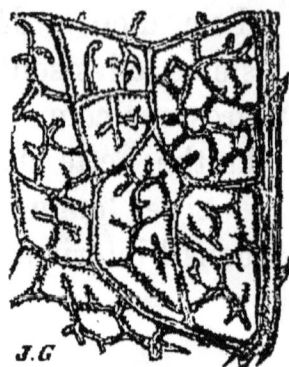

Fig. 66. — Nervation laby-
rinthiforme de la feuille
du *Prunus laurocerasus*
× 20.

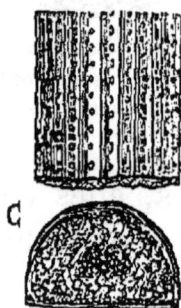

Fig. 67. — Feuille aciculaire du
Pinus Brutius avec files de stomates apparentes × 20. C. Coupe de
la feuille.

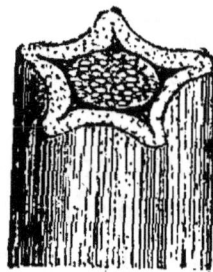

Fig. 68. — Coupe de feuille aciculaire de Genêt × 10.

quefois composées de deux spiricules alternées se coupant régulièrement.

VIII

FONCTIONS VITALES REMPLIES PAR LES FEUILLES

Manifestation de la vitalité. — La faculté du mouvement. — Causes principales : humidité, lumière, chaleur. — Excitation mécanique. — Irritabilité des végétaux sous l'influence de l'électricité. — Supposition sur les organes d'absorption. — Les stomates. — Disposition et moyen d'en calculer le nombre. — Leur action. — Expériences sur la respiration. — Les feuilles décomposent l'air. — Poids d'eau évaporée par le blé. — Les végétaux fixent le carbone — Réflexion.

Au moment de la feuillaison, la nature rend aux campagnes la verte couleur qui avait disparu pendant l'hiver. On voit vivre les feuilles, sortir de terre, comme par enchantement, des plantes naguère desséchées ; c'est la manifestation éclatante de la vie, mais non pas de la vie turbulente telle qu'elle apparaît chez l'animal ; au contraire, celle des plantes est méthodique, lente et paisible. Cependant elle se produit de chaque côté avec la même exubérance ; de part et d'autre, il y a croissance et vie propre.

Si les animaux sont doués d'un mouvement spontané, libre et intelligent, les végétaux sont aussi animés d'une existence sensible, dont l'énergie est nettement mise en évidence par les phénomènes de croissance et de dépérissement renouvelés chaque année. Le microscope nous permet de pénétrer dans les cavités intimes de leur économie; nous voyons que leur organisme s'assimile des substances par l'intermédiaire de la circulation, qu'il les transforme pour l'augmentation de son existence; nous pouvons aussi surprendre comme preuve de la vie des phénomènes de motilité, faculté dont ils jouissent exceptionnellement.

Les botanistes ont reconnu que les végétaux exécutent certains mouvements, que l'on divise en deux groupes : ceux qui sont apparents, quoiqu'ils ne soient pas réellement des mouvements, et ceux qui comprennent les mouvements naturels et par conséquent réels. Les premiers sont locomoteurs, ils se remarquent dans le bulbe et le rhizome; les seconds sont provoqués par des agents extérieurs ou par des fonctions naturelles et sont particuliers aux feuilles.

L'humidité a une action énergique sur les feuilles; ainsi les folioles du *Paliera hygrometrica*, arbuste de la famille des Rutacées, se rapprochent et s'accolent lorsque le ciel se couvre de nuages. (Richard.) Le pollen, craignant le contact de l'eau, provoque chez plusieurs fleurs une occlusion de la corolle à l'approche de l'orage. Pour les arbustes à feuilles composées, lorsque la rosée est forte, les folioles se rapprochent par leur face inférieure; la verdure se trouve ainsi en dessus. C'est même à cette circonstance que tient probablement la vigueur de la couleur verte des arbres pendant les orages. Certaines graines éprouvent des convulsions lorsque le temps est humide; telles sont celles des géraniums, où le style qui surmonte la graine se tord jusqu'à la fin de la pluie.

La chaleur engendre des mouvements diurnes et nocturnes ; c'est ainsi que les feuilles de certaines légumineuses se replient sous l'action du soleil. Le sainfoin oscillant (*Hedysarum gyrans*), arbuste du Bengale, abaisse ses deux folioles latérales et les relève alternativement par saccades, avec un mouvement complexe de flexion et de torsion. En observant le pois commun, on a remarqué que la partie supérieure de ses rameaux décrivait un conoïde, par un mouvement de torsion plus ou moins rapide selon la température. On sait que la belle-de-nuit, le cierge rampant, le géranium triste, s'ouvrent le soir seulement.

Il existe quelques plantes dont certains organes exécutent des mouvements remarquables sous l'influence d'une excitation mécanique : on peut citer dans le nombre le *Drosera*. On pense généralement que, dès qu'une mouche ou un autre insecte attiré par le suc visqueux sécrété par les poils glandulifères qui couvrent la surface de sa feuille, vient se poser celle-ci, les poils se redressent, se courbent, formant un filet dans lequel l'insecte demeure emprisonné. On trouve, en effet, des insectes qui ont succombé sous les poils de cette feuille. Ce que l'imagination suppose, la science le vérifie. La cause à laquelle il faut rapporter la capture des insectes par les feuilles du drosera est celle-ci : « Les feuilles, pendant leur développement, sont infléchies sur elles-mêmes ; les bords du limbe sont recourbés vers le centre, et les poils ont la même direction. En s'accroissant, le limbe s'étale peu à peu ; les poils se redressent aussi successivement de la circonférence au centre. Si, avant ce redressement de tous les poils, quelque insecte vient pomper le suc visqueux qui exsude de leurs glandes, il s'introduit dans l'espace qu'ils laissent entre eux au centre de la feuille, et s'embarrasse de la mucosité, qui le retient prisonnier. Cependant l'accroissement de la feuille continue, les poils incurvés se dressent les uns après les autres, mais le malheureux insecte a succombé avant le redressement complet. » (M. A. Trécul.)

La Dionée attrape-mouche (*Dionæa muscipula*), originaire de l'Afrique septentrionale, présente, à l'extrémité de ses feuilles, deux lobes réunis par une charnière médiane et tout environnés de poils glanduleux. A la moindre irritation des poils, les deux lobes se redressent vivement et se rapprochent l'un contre l'autre.

Rappelons aussi le phénomène de l'irritabilité de la sensitive (*Mimosa pudica*). Le moindre choc, le plus léger contact suffisent pour faire fermer ses feuilles. Elle se ferme aussi le soir, et cependant ce mouvement ne semble dépendre ni de la lumière, ni de la chaleur. Les expériences anciennes ont été reprises au moyen de l'action du courant de la pile. M. C. Blondeau résume les résultats obtenus sur trois sensitives soumises au courant d'induction, en disant que cette expérience vient à l'appui de toutes celles qui ont été faites sur le même sujet, et apporte un argument en faveur de ceux qui pensent que ces mouvements s'exerceraient par l'intermédiaire d'organes analogues à ceux que possèdent les animaux. Le quatrième pied avait été réservé pour une expérience probante de l'action de la commotion électrique également sensible pour les végétaux comme pour les animaux. On plaça la plante sous une cloche à deux tubulures par lesquelles pénétraient des fils de cuivre servant à faire passer le courant d'induction à travers la plante. Quelques gouttes d'éther furent versées sous ce récipient; au bout de peu de temps, la plante ressentit les effets anesthésiants du liquide; car en l'agitant elle ne fermait plus ses folioles et ne manifestait plus aucune sensibilité. Les pétioles sont restés droits et les folioles sont demeurées ouvertes sous l'action électrique. On sait que l'homme, ainsi que les autres animaux soumis à l'anesthésie de l'éther, devient insensible aux commotions produites par les courants d'induction, même fort énergiques.

Il est un fait évident que les expériences les plus autorisées et les plus répétées ont affirmé sur les fonctions vitales des plantes : les feuilles jouent un rôle important dans la respiration végétale; elles absorbent des gaz et des liquides. Le microscope, à qui on demande fréquemment des solutions dans les questions où la chimie inorganique est impuissante, fait à ce sujet une

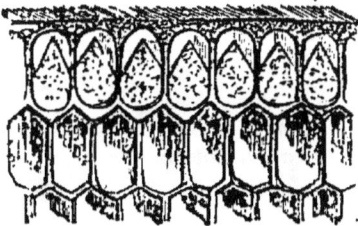

Fig. 69. — Coupe de feuille d'*Agave Americana* Linn. × 70. Cellules épidermiques distinctes des cellules internes.

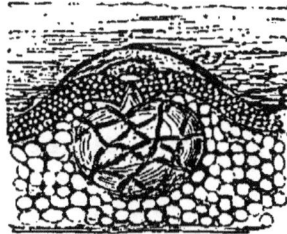

Fig. 70. — Stomate du *Misodendron punctulatum* × 200. Lacune interne garnie de poils en communication avec l'air par l'*ostiole*.

révélation d'une certaine importance : il nous montre sur l'épiderme, ainsi que nous l'avons déjà dit, de petites cellules particulières ayant un aspect analogue à celui que présenteraient deux haricots juxtaposés par leur face interne; la réunion de ces deux sortes de lèvres laisse une petite ouverture, *ostiole*. Ces cellules spéciales

ont reçu le nom de *stomates* (du grec στόμα, bouche).
Elles sont disséminées suivant un certain espacement
symétrique, dans le réseau épidermique, au même niveau que les autres cellules. Très-abondantes à la face
inférieure des feuilles, elles sont rares ou manquent

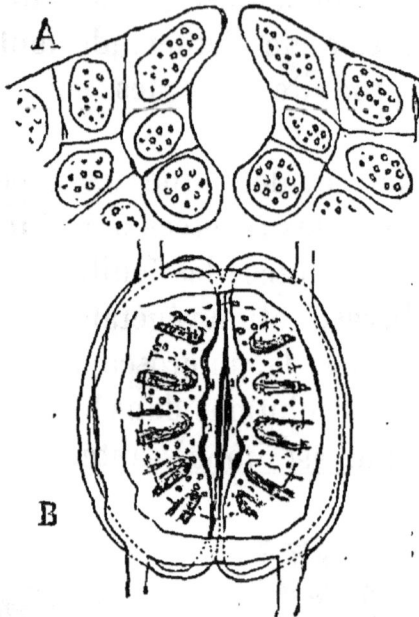

Fig. 71. — Stomate de Prèle (*Equisetum hyemale*) × 500. A. Coupe verticale
sur l'ostiole. B. Stomate en projection horizontale.

dans la plupart des circonstances à la face supérieure et
n'existent jamais sur les nervures. Pratiquons une coupe
perpendiculaire au parenchyme de la feuille, en passant
par l'ostiole ; nous remarquerons qu'en dessous il se
trouve une lacune ou vide sous-stomatique mis en communication avec l'air par cette ouverture. Ce vide résulte
d'un déchirement des cellules à une certaine époque de la
croissance. On a aussi observé que les deux cellules qui
forment les lèvres ont la faculté de se contracter sous

l'influence des alternatives de sécheresse et d'humidité.

L'ordre avec lequel ces curieux organes sont distribués sur l'épiderme des feuilles ou des pétales, est extrêmement variable ; chaque plante a le sien, qui lui est particulier. Fréquemment on les rencontre disséminés au milieu du réseau fibreux sans aucune régularité ; elles en font certainement partie intégrante, puisque, si l'on enlève légèrement avec un scalpel l'épiderme qui s'arrache facilement comme une pellicule, les cellules superficielles des stomates restent attachées à ce tissu. Disséminés sans ordre chez les dicotylédones, ils affectent une disposition spéciale en files longitudinales chez les mono-

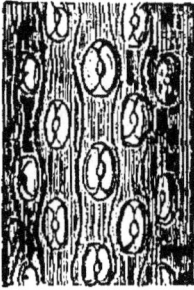

Fig. 72. — Stomates des feuilles aciculaires du Pin × 80.

cotylédones. Sur les feuilles aciculaires des pins, sapins et autres conifères, ils sont rangés en bandes parallèles à la direction longitudinale de la feuille. Leur nombre est extrêmement élevé ; on en a compté 225 dans un millimètre carré chez le *Teucrium chamædrys*, tandis qu'il n'y en a que 20 dans la feuille du pourpier commun. On rapporte en avoir compté 1 million sur une feuille du tilleul tout entière, et plus de 500 000 sur celle du lilas. Ce calcul, qui semble de prime abord très-difficile à faire avec une certaine exactitude, est rendu simple et aisé au moyen de la photographie. On prend d'abord une épreuve photomicrographique, à la chambre noire, d'une feuille préparée sur un fragment de laquelle les stomates sont rendus bien visibles. Ensuite on substitue à la préparation un micromètre dont les divisions se photographient avec le même grossisse-

ment sur l'image de la feuille. Quand le négatif est tiré,
on possède une mesure métrique rigoureusement exacte

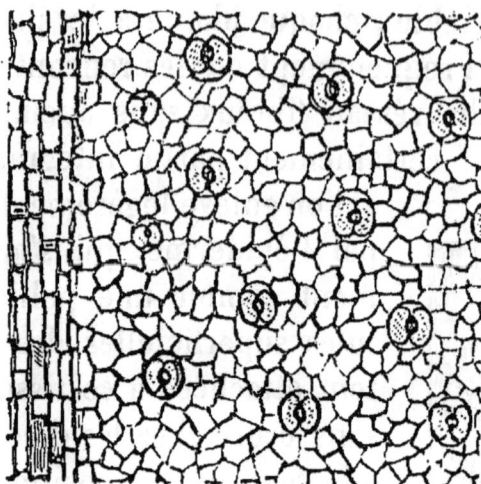

Fig. 73. — Stomates de la feuille du Lilas × 80.

dont on prend un côté pour base d'un carré qui, tracé
sur l'épreuve, renferme une quantité de stomates faciles
à compter avec la pointe d'un crayon.

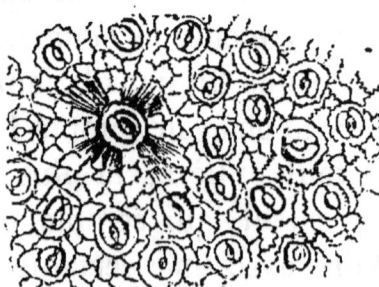

Fig. 74. — Stomates de la feuille du Lierre (*Hedera helix*) × 150. Répartition
irrégulière. Un stomate est exceptionnellement rayonné.

L'importance des stomates dans la physiologie végétale doit être considérée de différentes manières : quelques botanistes regardent leurs fonctions comme assi-

milables à celles des trachées dans la respiration des
animaux. Grew (1682) les considérait déjà comme

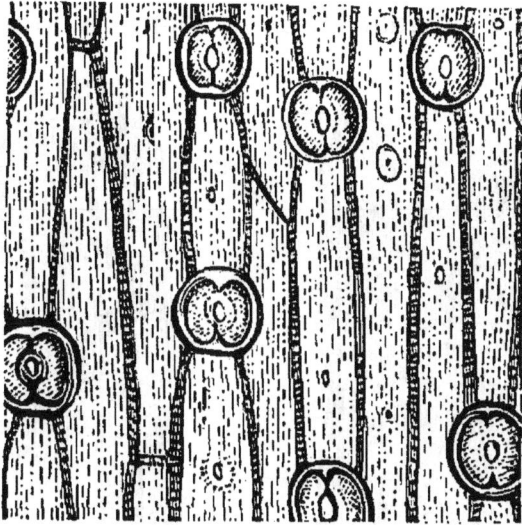

Fig. 75. — Stomates de la feuille de l'*Iris pallida* × 458, reliés entre eux
par des nervures longitudinales.

destinées à l'entrée ou à la sortie de l'air, ou encore à
la sécrétion des liquides excédants. Guettard (1745),
dans son Mémoire à l'Académie, croit que leurs fonctions se rapprochent de celles des glandes, dont l'usage
reste enveloppé de ténèbres. Meyer même (1839) n'admettait pas l'existence de l'ouverture ou ostiole et les
considérait aussi comme des glandes. Mais les expériences de M. H. Mohl sur les feuilles des bulbeuses
ont démontré que les cellules stomatiques restent animées d'une force antagoniste et contractile, qu'elles
se gonflent dans l'humidité et se ferment au contraire
en perdant leur contenu. La théorie du développement
de la feuille autorise à admettre que les stomates qui
s'offrent sous l'épiderme des feuilles les plus âgées ne

sont que des cellules retardataires et nouvellement for
mées ; cependant leur structure n'ayant rien de stable,
on ne peut avoir une base permettant d'établir le moment de leur formation et la manière dont elle a lieu.

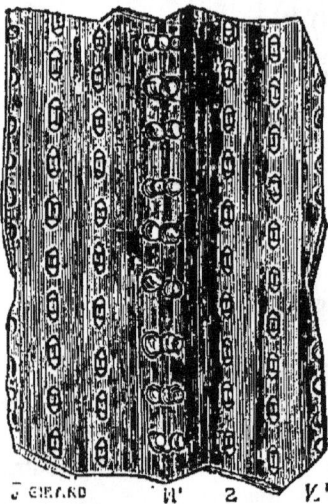

Fig. 76. — Épiderme de la Prêle
(*Equisetum*) × 50. S. Files doubles
de stomates. C, N'. Côtes couvertes
de nodosités.

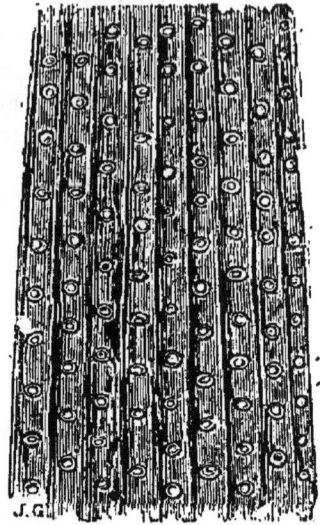

Fig. 77. — Épiderme d'une feuille de
Riz (*Orysa sativa*) × 420.

Nous avons admis que la végétation ne pouvait se
manifester sans le concours de l'eau ; comment cette
aspiration ou respiration se produit-elle par les feuilles ?
Bonnet voulant savoir quelle était la face qui exerçait
cette fonction, coucha sur l'eau des feuilles de vigne
dans différents sens ; évidemment celles dont la face res-
piratoire se trouvait en contact avec l'eau, vivraient plus
longtemps que celles dont les organes seraient dans
l'air. C'est ainsi qu'il trouva que ce phénomène se produisait avec beaucoup plus d'intensité par la face inférieure, résultat concordant avec l'appréciation microscopique, qui ne montre de stomates que sur l'épiderme

8

inférieur. Il semblerait que la nature eût ainsi disposé ces organes pour éviter que les ardeurs du soleil, les poussières, la trop grande abondance des pluies, vinssent apporter un obstacle à la régularité de leurs fonctions, en altérant leur délicate constitution.

On a prouvé expérimentalement qu'il n'y a pas un rapport exact entre le nombre des stomates et l'intensité de la respiration. Cette disproportion est probablement due à des actions dont le siége est dans l'intérieur même du tissu des feuilles. Guettard avait remarqué que la partie supérieure est celle qui évapore le plus d'eau. D'après les travaux de M. Boussingault, c'est aussi celle qui décompose la plus grande partie d'acide carbonique.

La respiration végétale est une opération complexe. Cette fonction consiste en un échange de gaz entre les plantes et l'air. On sait que l'air se compose de quatre éléments principaux : 21 centièmes d'oxygène, 79 centièmes d'azote, 5 ou 6 dix-millièmes d'acide carbonique, gaz lourd, jouant un grand rôle dans la respiration, et enfin de vapeur d'eau. (L'acide carbonique résulte de la combinaison de l'oxygène et du carbone.) Dans la plante on distingue deux groupes d'organes respiratoires : les parties vertes et celles qui sont privées de chlorophylle. Pour savoir quels sont les principes que les parties vertes absorbent et quels sont ceux qu'elle excrète, on prend un verre plein d'eau dans lequel on plonge une plante. Le verre étant placé sur du mercure, on recouvre le tout d'une cloche. On conçoit facilement alors que si, après avoir analysé l'air avant l'expérience, on laisse la plante quelques jours en cet état, et qu'on refasse une seconde analyse de l'air, on pourra facilement, par la comparaison des résultats, savoir quelles sont les proportions d'oxygène, d'azote et d'acide carbonique absorbées et exhalées. En opérant ainsi dans l'obscurité, on trouve le soir, sous la cloche, moins d'oxygène et plus d'acide carbonique que le matin : la plante a donc absorbé de l'oxygène et exhalé de l'acide carbonique. Si l'on opère au soleil après avoir pris la précaution d'introduire de l'acide carbonique sous la cloche, on trouve, peu de temps après, plus d'oxygène et moins d'acide carbonique. Il y a donc eu exhalaison d'oxygène et absorption d'acide carbonique. En effet, les feuilles l'ont décomposé, sous l'influence du soleil, après avoir absorbé cet acide, et son carbone s'alliant avec celui de la partie ligneuse de la plante, l'oxygène s'échappe dans la cloche.

La quantité d'eau émise par certains végétaux varie singulièrement avec l'espèce expérimentée et avec l'âge des feuilles ; elle est quelquefois fort considérable. Le blé placé au soleil vaporise en *une heure* un poids d'eau qui varie de 70 à 108 pour cent du poids de ses feuilles. Chose remarquable, c'est pour la température la plus basse qu'on a trouvé la plus grande évaporation ; elle a été avec 25 degrés de 77 pour cent du poids des feuilles, avec 15 degrés de 96 pour cent et avec 4 degrés de 108 pour cent.

Selon M. Cailletet, tout le carbone fixé par les végétaux provient de l'acide carbonique de l'atmosphère qui, absorbé par les organes verts, se décompose et se transforme en produits organisés, sous l'influence de la lumière. D'autre côté, l'acide carbonique dissous, ainsi que les produits de la décomposition des engrais mis au contact des racines, sont absolument insuffisants pour l'entretien de la vie des plantes à chlorophylle.

Les plantes à chlorophylle choisies pour l'expérience végètent dans un pot; le sujet est introduit dans un cylindre de verre en forme de bouteille renflée, munie à la partie inférieure d'un orifice long et étroit; l'espace compris entre cet orifice et la tige de la plante est rempli de coton cardé, ou mieux d'amiante légèrement tassé. Ainsi disposée, la plante conserve ses racines en terre, tandis que sa tige et ses feuilles, renfermées dans un vase de verre blanc, peuvent recevoir par un orifice latéral un courant d'air préalablement dépouillé d'acide carbonique.

Avant d'arriver au contact de la plante, l'air lancé par un gazomètre de 500 litres traverse une lessive de potasse caustique, puis une dissolution de chaux, qui, en se troublant, décèlerait les dernières traces d'acide carbonique entraînées; enfin, cet air est lavé dans un flacon d'eau distillée, privée d'acide carbonique. Le courant d'air qui arrive au contact de la plante avec une pression légèrement supérieure à celle de l'atmosphère tend à s'échapper à travers l'amiante et s'oppose entièrement à la rentrée de l'acide carbonique de l'air extérieur. Les résultats sont les mêmes pour des végétaux d'espèces très-différentes. Dès que l'acide carbonique cesse d'arriver au contact de la plante, le développement de celle-ci s'arrête, ses feuilles inférieures jaunissent et tombent, la vie semble se retirer à la partie supérieure de la tige, qui bientôt se dessèche et meurt à son tour. Lorsque la plante va périr, si l'on substitue à l'eau distillée du flacon laveur une faible dissolution d'acide carbonique, la vie presque éteinte se ranime, et la plante, après avoir développé de nouvelles feuilles, peut parcourir dans cet appareil toute sa période végétative.

Les végétaux vivent donc de l'air, comme les animaux ; l'atmosphère est le grand théâtre de l'existence, puisque c'est là que se produit cette merveilleuse circulation du carbone qui leur fournit un aliment gazeux. Aussi certains philosophes ont-ils voulu ne voir, dans l'ensemble des fonctions déterminant l'existence, autre chose que la somme de la combustion du carbone. Si les plantes recueillent dans l'air les éléments de leur croissance et que les animaux se nourrissent de plantes, il en résulte que, par leur intermédiaire, ils s'assimilent les mêmes éléments. Conséquence qui produit chez ces derniers une oxygénation du sang, ainsi rendu plus fluide par l'alimentation végétale.

IX

PARTICULARITÉS DE L'ÉPIDERME

Manière de faire les observations. — Description. — Protubérances diverses. — L'épiderme est couvert d'une multitude de poils. — Caractères généraux. — Poils simples et composés. — Formes remarquables. — Feuille de Deutzia vue à la lumière polarisée. — Les barbillons. — Les glandes. — Glandes composées et nectarifères. — Sensation produite par les poils de l'ortie.

L'épiderme présente aux observations du micrographe une foule de détails intéressants, appropriés aux besoins de la plante. L'observation de ces détails se fait en enlevant un léger lambeau de cette membrane supérieure, assez résistante par elle-même ; observée directement avec le microscope, sans être séparée de la feuille, son opacité intercepterait la lumière qui dévoile toutes les délicatesses. Le lambeau d'épiderme qui a séjourné dans l'acide acétique additionné de glycérine est beaucoup plus transparent ; les plus petits détails sont en évidence.

L'épiderme (ἐπί, sur ; δέρμα, peau) est une couche cellulaire plus compacte que le tissu cellulaire interne, remplissant chez les plantes le même rôle que la peau chez les animaux ; il enveloppe les organes internes,

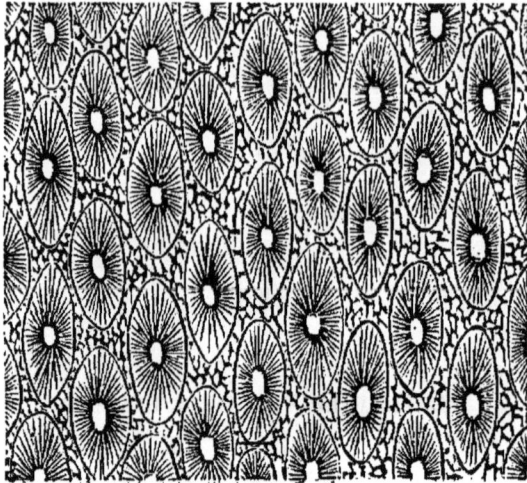

Fig. 78. — Épiderme d'un pétale de fleur de Géranium × 150.

afin de les protéger du contact immédiat des agents extérieurs.

Cette couche membraneuse se subdivise en deux stra-

Fig. 79. — Épiderme inférieur du Trèfle (*Trifolium pratense*) × 250. P. l'oils
S. Stomates disséminés sur le réseau fibreux de l'épiderme.

tifications : l'une intérieure, l'autre extérieure ; celle
du dessous est le *cuticule*, sorte de pellicule épidermique plus durable et moins sujette à la désagréga-

tion. La surface offre presque toujours une disposition
de cellules spéciales ne contenant pas de chlorophylle dans les pétales des fleurs; un liquide coloré
qui la remplace, leur donne ces brillants reflets si
agréables aux yeux. Sur les pétales il existe une foule
de petits cônes juxtaposés, réfléchissant la lumière;
selon la disposition de l'œil de l'observateur, les tons

Fig. 80. — Épiderme avec cellules
striées du pétale de la fleur de
l'Abricotier × 80. Fragment pris
sur les bords.

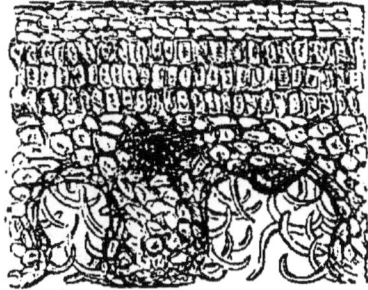

Fig. 81. — Coupe de feuille de Laurier-Rose (*Nerium oleander*) × 150.
Cavités ovales de l'épiderme inférieur garnies intérieurement de
poils. L'épiderme supérieur est
composé de deux couches de cellules différentes.

et les effets d'incidence en modifient l'aspect. Le pétale
des fleurs d'abricotier est garni de cellules striées, plus
particulières aux fleurs dépourvues de couleurs. Ces
sortes de petites mosaïques sont tantôt réparties avec
une régularité permanente, tantôt, au contraire, lorsque
le développement de la plante s'est opéré trop rapidement, il n'y a qu'une symétrie apparente.

Chaque compartiment est indépendant des formations sous-jacentes du parenchyme épidermique, car, en
coupant verticalement les couches superficielles des cellules, on voit toujours qu'elles ont une contexture serrée et homogène sans dépression. Si l'épiderme offre

des aspérités en relief, il existe aussi certains cas dans
lesquels la face des feuilles est garnie de poches.
Aussi dans celles du Laurier-rose il existe des cavités

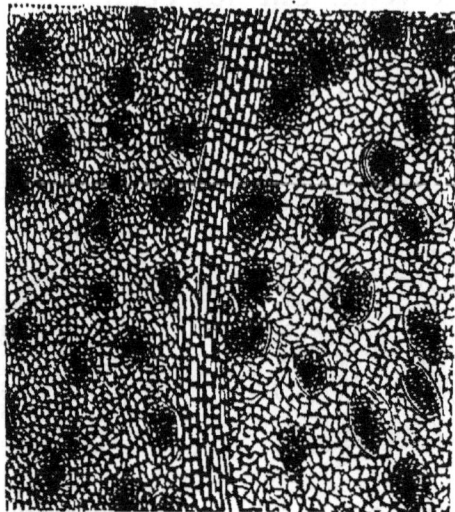

Fig. 82. — Surface épidermique de la feuille du Laurier-rose × 50.
Cavités garnies de poils.

ovales garnies de poils épais à l'intérieur et dans le
fond desquelles sont logés des stomates, extrêmement petits et difficiles à observer ; elles se trouvent
ainsi protégées par une cavité antérieure garnie de
poils qui la dérobent à l'action immédiate des agents
extérieurs.

On a remarqué fréquemment, sans même avoir recours au microscope, que beaucoup de plantes sont recouvertes de poils plus ou moins abondants. Mais les plus
grands ne sont pas les plus intéressants ; il faut procéder à un examen minutieux, quand on désire se rendre
compte de leur organisation. Les anciens connaissaient
les glandes du Millepertuis et de la Rue ; ils tiraient

des fils d'un chardon textile. Grew vit le premier les glandes miliaires du sapin, alors que le microscope était encore dans l'enfance. Mais Guettard (1745) signale dans les Mémoires de l'Académie des sciences de « petites vessies et tubercules qui laissent suinter ou non un liquide visqueux ». Il considère « les ramifications qui s'attachent à ces vessies, ainsi que les poils, comme des vaisseaux excrétoires, ou les divise en poils miliaires, vésiculaires, écailleux, globuleux, lenticulaires....

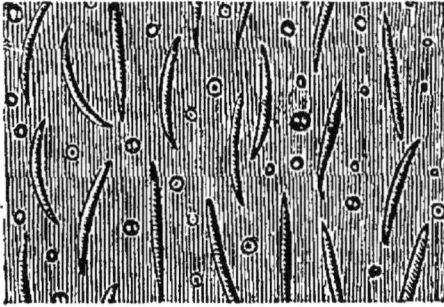

Fig. 83. — Poils de la feuille de Giroflée (*Matthiola incana* B) × 150.

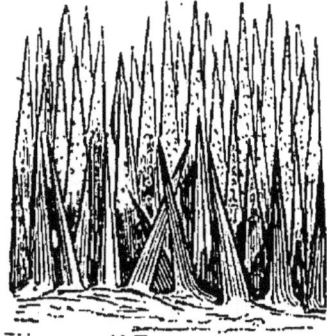

Fig 84. — Poils hérissés de l'épiderme du *Loasa lateritia*. Gill. et Hook, × 20. Poils aplatis et unicellulés.

Le filet, dit-il, présente différentes formes géométriques : en crochet, en navette, en Y, en alêne, articulés, à valvule, nodeux, à houppe. »

Les poils (*pili*, *villi*) ont une certaine analogie avec ceux des animaux, mais ils offrent rarement autant de solidité ; mous et cotonneux, ils sont impropres à aucun usage. « Les poils sont placés sur les plantes comme sur la peau humaine, en lignes spiraloïdes et les mamelons ou cannelures de ces poils eux-mêmes suivent encore cette spirale. » (Morren.) Ils s'attachent directement à l'épiderme et sont intimement adhérents au cuticule ; ils sont aussi souvent le prolongement de certaines cellules superficielles proéminentes et spéciales. Ils ne se départent pas de la règle générale de ne croître que sur les parties exposées à l'air ; les racines n'en portent jamais ; aussi ils sont plus rares sur les végétaux qui vivent à l'ombre et ils manquent tout à fait sur les plantes étiolées.

Beaucoup plus fréquents sur le tissu des feuilles que sur celui de la tige, ils semblent être des organes protecteurs des surfaces sur lesquelles ils se développent, et remplir une fonction nécessaire à la vitalité dans la période de croissance. Ainsi les feuilles de l'*Esculus hippocastrum* se couvrent de poils au commencement de la végétation ; plus tard ils tombent, laissant l'épiderme lisse, sans qu'il y ait aucune apparence de maladie.

L'étude des poils qui tapissent l'épiderme est une des plus attrayantes pour le micrographe, car ils présentent une grande variété de formes et de caractères. Les plus communs sont ceux qui n'ont qu'une seule cavité ou cellule dans leur longueur ; un examen minutieux démontrera que cette cellule épidermique augmente de dimension en conservant sa cavité unique et que, d'autre part, si elle se subdivise en plusieurs branches, chacune d'elles ne sera jamais composée de plus d'une cellule. Ainsi, sur la tige du lierre, il existe une quantité de poils rameux, sortant d'une cellule unique dans laquelle commence la division ; grands ou petits, il n'y a qu'un seul vide dans leur intérieur. Dans d'autres cas, chaque poil d'une série adhère seulement par la base et peut se détacher sans nuire aux autres ; ils

jouissent ainsi d'une certaine indépendance sur la tige de
l'*Aralia papyrifera*, et sont tellement abondants qu'ils
lui donnent un aspect cotonneux. Sur les feuilles de
l'*Onosma laurica*, chaque individu de la série est terminé par une petite boule tangente à la cellule centrale
autour de laquelle ils sont groupés et adhérents. Ces
groupes se réunissent aussi ensemble et finissent par se
souder, jusqu'à constituer une membrane ; ces poils
peltés s'observent dans le *Crozophora tinctoria*, où ils
ont l'aspect d'un petit bouclier membraneux.

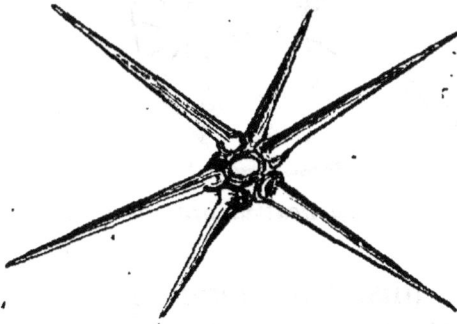
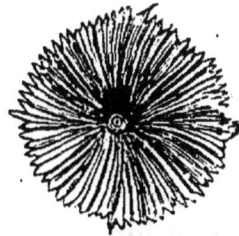

Fig. 85. — Poil rameux et unicellulé de la
feuille de l'*Aralia papyrifera* × 80.

Fig. 86. — Poil pelté de l'o-
vaire du *Crozophora tinctoria*. Neck. × 50.

Un des plus curieux exemples que l'on puisse citer
pour les poils rameux est celui de la feuille du *Deutzia
gracilis*. Son épiderme est couvert d'étoiles élégantes,
différentes les unes des autres ; plusieurs sont composées de douze branches, tandis que d'autres n'en
ont que quatre. Au milieu de cette constellation d'é-
toiles dominent surtout celles à cinq branches, dont
la surface est recouverte de ponctuations barbues. Une
intéressante expérience que l'on peut faire sur cet épiderme est celle de la polarisation, si la préparation a
été disposée de façon qu'elle ne soit ni trop épaisse,

ni trop comprimée. Par les feux de la lumière, les étoiles apparaissent en blanc avec les arêtes colorées

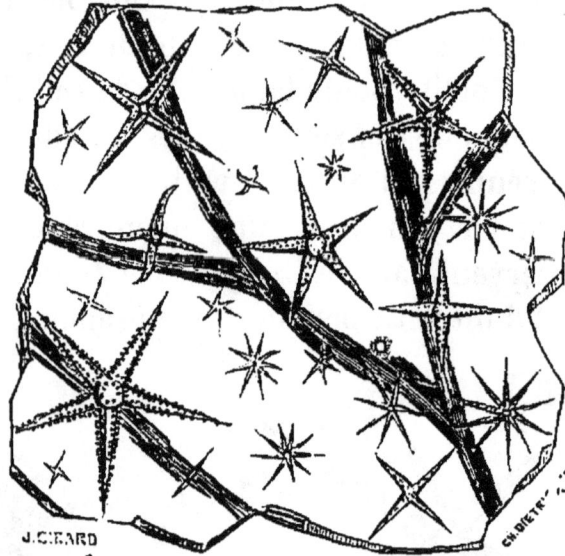

Fig. 87. — Poils étoilés de la feuille du *Deutzia gracilis* × 50.

sur le fond noir, donnant ainsi à la membrane épidermique des teintes merveilleuses et les font ressembler à de véritables diamants.

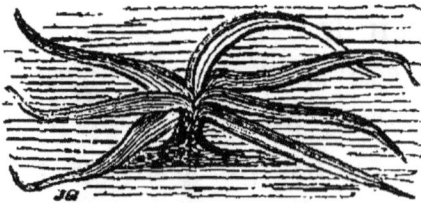

Fig. 88. — Poil rameux de la feuille de l'*Eleagnus reflexa* × 60.

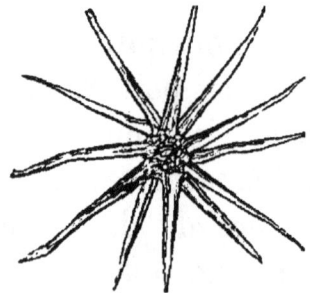

Fig. 89. — Poils rameux de la tige du Lierre × 200.

Ces poils rameux ou rayonnants sont supportés par un pédicelle ou tige basilaire ordinairement très-court,

inappréciable quand on observe par-dessus, comme il
y a lieu dans l'exemple précédent. D'autres fois cette
tigelle s'élève assez au-dessus de l'épiderme pour per-
mettre·aux poils qui surgissent de rayonner tout autour. C'est ce que l'on voit dans la feuille du *Croton·
punctatum* coupée transversalement, où ils prennent
une importance sensible.

Quelque compliqués que soient ces genres de poils,
ils n'offrent chacun qu'une seule cellule ; mais il en
est d'autres dans lesquels la cellule procréatrice s'allonge comme une·tige, de façon à produire une agglomération de cellules semblable à une plante entière.
Ces appendices végétaux sont de très-faible consistance,
puisqu'ils n'ont ni vaisseau, ni fibres pour leur donner
de la solidité, comme cela existe pour les piquants qui
acquièrent dans leur pointe une rigidité presque mé-
tallique, leur servant de protection contre les mains
profanes.

Tout le monde connaît les *barbillons* du seigle ; on a
remarqué combien ces petites pointes effilées sont
âpres au toucher et la sensation que l'on éprouve quand
on les frôle avec la main du haut vers·le bas. Le microscope nous en explique la cause à première inspec-
tion : sur les deux arêtes latérales du barbillon se
trouvent de petits piquants de nature siliceuse très-
acérés, résistant au tranchant du scalpel ; très-rappro-
chés les uns des autres sur les files longitudinales qu'ils
garnissent et dirigés de bas en haut, ils s'accrochent
aux saillies qui se présentent. Au contact de la main,
ils pénètrent dans·la peau, non pas assez pour s'y fixer,
comme un piquant de dimension supérieure, mais assez
pour produire une sensation analogue à celle d'une

râpe ou de la Prêle dont la surface est couverte de silice.

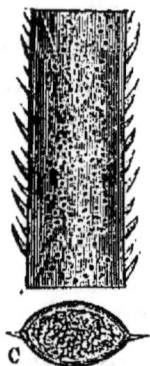

Fig. 90. — Barbillon de Seigle × 14. Avec des piquants garnissant les côtes. C. Coupe transversale.

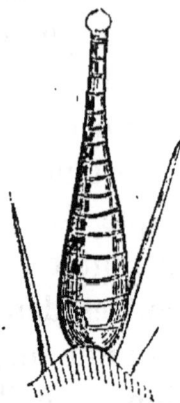

Fig. 91. — Poil de Mauve, capité et à base renflée × 50.

Les poils renflés ne conservent plus la même déno-mination lorsqu'ils n'ont plus de forme allongée. Ils deviennent des *glandes* ou poils glanduleux.

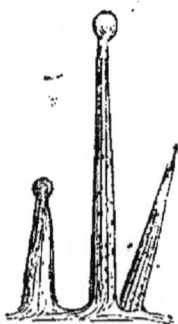

Fig. 92. — Divers poils de Cinéraire × 100. Glande à l'extrémité du poil.

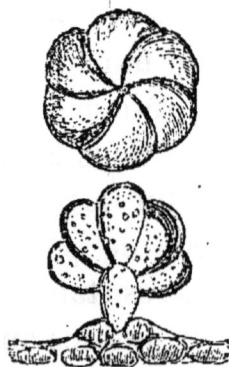

Fig. 93. — Poil de Jasminée, dans les deux projections × 40.

Les glandes apparaissent sur l'épiderme sous forme de corps cellulaires fibreux ou concrétés, souvent arron·

dis. Tantôt elles sont constantes, tantôt elles ne se montrent qu'accidentellement. Ainsi, c'est seulement dans quelques cas particuliers mal déterminés que se mon-

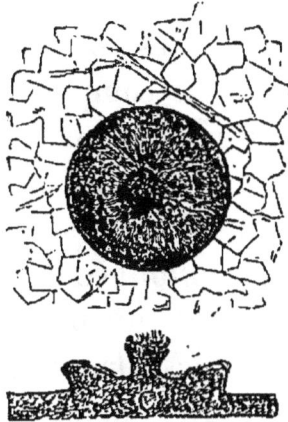

Fig. 94. — Glande de la feuille du Chêne × 15. C. Coupe transversale.

trent quelquefois sur les feuilles de chêne des glandes, sorte d'excroissances rondes sans base. Elles offrent souvent des caractères singuliers dans leur organisation : ainsi dans le pois chiche, dans la cinéraire, les poils portent à leur extrémité une petite boule qui les termine au lieu d'une pointe. Chez la mauve (fig. 91), ils sont

Fig. 95. — Poil pluricellulé du *Cucumis sativus* × 50. Base sphérique.

Fig. 96. — Poil de Jasminée vu en dessus × 40.

tent à leur extrémité une petite boule qui les termine au lieu d'une pointe. Chez la mauve (fig. 91), ils sont renflés par le bas avec un bouton à l'extrémité, représentant assez l'apparence d'une bouteille. Dans le fruit du *Cucumis sativus* (fig. 95), le contraire se produit : la base consiste en une sphère dentelée sur son pourtour, et surmontée de deux ou trois cellules cylindriques qui semblent sortir les unes des autres. Les glandes des jasminées sont plus compliquées : elles sont composées de plusieurs cellules, portées par un pédicule unicellulé ou quelquefois reposant simplement sur l'épiderme sans intermédiaires ; elles font ressembler la feuille à une étoffe capitonnée de petites rosettes.

Certaines glandes contiennent des substances liquides ou demi-solides, que les plantes ont la propriété particulière d'excréter. On connaît l'expérience enfantine de la compression d'une peau d'orange devant une bougie : quand les glandes épidermiques se rompent, l'huile essentielle qu'elles renferment, projetée sur la flamme, produit une petite explosion. Si l'on a observé la base de la corolle de certaines fleurs, on a remarqué qu'un liquide visqueux et sucré s'attache aux doigts ; il est contenu dans de petites glandes qui se déchirent au moindre con-

Fig. 97. — Poil pluricellulé du *Mertensia dichotoma* × 15. Il est garni lui-même de poils disposés en files longitudinales.

tact. Diverses fleurs possèdent un suc sirupeux ou aqueux, ayant généralement l'ovaire pour siége principal et parfois les étamines, auxquelles la sécrétion avait été primitivement attribuée. On peut

l'observer chez les broméliacées, lès liliacées, où il a
un liquide abondant à l'époque de la floraison.

Les poils de l'ortie grièche (*Urtica urens* L.) sont
connus à cause de la sensation cuisante que l'on éprouve

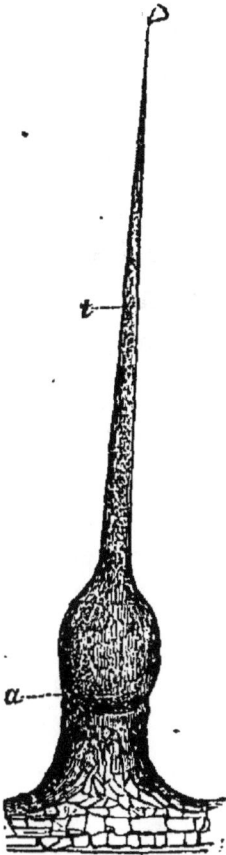

Fig. 98. — Poil de l'Ortie grièche
(*Urtica urens*) × 300. *a.* Utricule
contenant le liquide urant. *t.* Tige
rigide et cassante.

Fig. 99. — Poil de l'Ortie grièche
(*Urtica urens*) × 50. P. Pédicule
massif. *t.* Tige effilée.

lorsque, par hasard, ils viennent à piquer la peau. La
pointe, vue au microscope, est très-aiguë, complète-
ment rigide et cassante comme du verre. Lorsque la
moindre pression la fait pénétrer dans la peau, cette

pointe effilée se brise, et le poil, creux dans l'intérieur,
répand dans la plaie un liquide brûlant incolore, qui provoque une douleur assez vive; ajoutons qu'une grande
quantité de poils peuvent atteindre à la fois un même
endroit. Les poils répandus sur les feuilles et la tige
sont de diverses sortes : les uns ont à leur base un pédicule simple, et leur piqûre ne cuit pas ; d'autres un
utricule contenant le liquide sécrété, résultat immédiat
d'une élaboration spéciale de l'ortie. Ainsi qu'on peut
le constater, en y introduisant un liquide coloré, cet
utricule ne communique pas avec le tissu cellulaire
auquel il est adhérent, car celui-ci ne s'étend pas à
l'intérieur quand on exerce une pression.

X

LA FLEUR

La science n'exclut pas la poésie. — Coup d'œil sur l'ensemble de la fleur. — Expériences anciennes et nouvelles. — Étamine. — Mouvement de déhiscence. — Étude du phénomène de la fécondation. — Formes du pistil. — Ovaire et ovule. — Fécondation dans les végétaux unisexués par le vent, par les insectes. — Opération artificielle. — Exemple de culture des dattiers dans le Sahara. — Comment on modifie les espèces. — Examen microscopique du pollen.

Les anciens divinisaient les fleurs, et les poëtes les ont chantées de tout temps ; la science avec ses puissants moyens d'investigation ne les fait pas moins admirer. Qui ne serait frappé de la grande et savante organisation des organes merveilleux qui composent l'ensemble de la fleur ? Quelles jouissances intellectuelles ne sont pas réservées à celui qui étudie leur charmant appareil ? Et cependant combien d'efforts ont été nécessaires pour arriver aux connaissances actuellement acquises !

Les poëtes ont fréquemment tourné les inspirations de leur muse vers l'étude des plantes. Gœthe, après avoir exposé les principes généraux sur les découvertes qui se

rapportent aux fleurs, a recours à la fiction : « L'organisation, dit-il, fut longtemps inconnue ; le zèle de Malpighi nous en a dévoilé le mystère. Il se promenait dans
la campagne un jour de printemps. Le zéphir agitait le
feuillage des arbres, la terre était riante de verdure et
les prairies émaillées de fleurs. Ses yeux ravis erraient
de merveilles en merveilles, et le désir de les connaître
embrasait son âme. Il aperçoit sur un coteau voisin la
déesse de la botanique entourée des nymphes de sa
suite, qui, tenant des corbeilles élégantes, les remplis-
saient des trésors qu'elle leur montre. A l'approche de
la déesse les fleurs s'épanouissent ; elles brillent des
couleurs les plus éclatantes ; elles répandent leur parfum
dans les airs et semblent se disputer la gloire de fixer
ses regards. Malpighi court vers la troupe immortelle ;
il se prosterne et demande à la déesse de la botanique
de lui révéler les secrets des fleurs, lui promettant de
lui consacrer des jardins magnifiques. » La déesse l'a-
dopte pour son disciple favori. « Vois, lui dit-elle, ce
temple solitaire, la muse de l'anatomie l'habite ; elle y
brave les dégoûts d'une étude pénible pour pénétrer les
secrets de la nature ; va la trouver en mon nom. » Malpighi porte cette invitation à la muse silencieuse, qui
arrache une plante devant ses yeux attentifs et lui en
montre tous les organes. Le microscope est cette muse
de l'anatomie, et Malpighi, pourvu de l'instrument, fut
un des laborieux chercheurs auxquels on doit les premières observations sur la constitution des plantes, et
des fleurs en particulier,

On ne sait ce qu'on doit le plus admirer chez les
fleurs, de leurs somptueuses dispositions ou des fonctions merveilleuses qu'elles remplissent avec une per-

fection qui semble procéder d'une raison latente. Adanson disait : « Toute plante étant animée, quoique sans sentiment, a une âme qui n'est pas une, ni fixée à une seule de ses parties, mais répandue également dans toutes et divisible, puisque chacune de ses parties intégrantes, qui participent à une vie commune, possède en elle-même une vitalité isolée, indépendante des autres, et que, détachée et séparée d'elles, elle croît et fructifie, enfin jouit de toutes les propriétés qu'elle possédait avant sa séparation. »

La science ne s'aventure pas aussi aisément dans le domaine de la conjecture ; elle borne son rôle à constater les faits et à en tirer des déductions pour servir à accroître le champ des connaissances positives ; faisant trêve aux spéculations suggérées par l'imagination enthousiaste, elle se contente de regarder la fleur comme une partie spéciale des végétaux dans laquelle s'opère la fécondation.

La fleur est composée des organes de la fructification et de ceux qui les entourent ou les protègent. Elle est ordinairement située à l'extrémité d'un rameau particulier appelé *pédoncule*. L'extrémité de ce pédoncule est généralement évasée et offre une expansion nommée *réceptacle floral*, d'où naissent les parties intérieures de la fleur. La fleur complète comprend : 1° le *calice*, dont les parties nommées *sépales* sont généralement vertes, et ont la structure et presque l'aspect des feuilles. Toutes les pièces du calice sont souvent unies entre elles, en sorte que le calice semble être formé d'une seule pièce plus ou moins dentée, et, dans ce cas, il est appelé *monosépale* ; il est *polysépale* si les sépales restent libres ; 2° la *corolle*, dont les divisions sont nommées *pétales*. Toutes les pièces de la corolle peuvent être unies entre elles ; dans ce cas, la corolle est dite *monopétale* : elle est divisée, entière ou lobée. Dans certaines fleurs, le calice et la corolle, de même forme et de même couleur, semblent faire une enveloppe unique, à laquelle on donne le nom de *périanthe*. 5° Les *étamines* ou organes mâles de la plante ; ces dernières se terminent par un petit sac membraneux, l'*anthère*, qui renferme une poussière, le *pollen*. 4° Le *pistil* ou organe femelle de la fleur, au centre de laquelle il se trouve. Il se compose de trois parties : une partie inférieure renflée, fréquemment arrondie, l'*ovaire*; une autre partie supérieure, le *stigmate*, corps glanduleux et visqueux ; enfin le *style*, corps intermédiaire de nature filamenteuse.

Le pistil et l'étamine constituent l'appareil nécessaire à la reproduction : le premier est destiné à contenir et mûrir les graines ; la seconde a pour fonction de leur donner les qualités voulues pour qu'elles deviennent susceptibles de germer. C'est sur cet appareil que la micrographie a fait les études les plus curieuses.

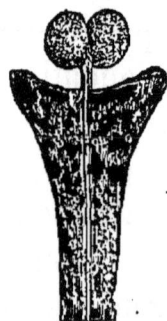

Fig. 100. — Pistil du *Deutzia gracilis* × 5. (Stigmate.)

Avant que les premières investigations microscopiques eussent donné des notions élémentaires sur le mode de reproduction des végétaux phanérogames, les anciens botanistes n'avaient à ce sujet que des idées confuses. Au dix-septième siècle, Camerarius fut le premier observateur réel. Vaillant est considéré à juste titre comme le promoteur d'une nouvelle voie dans ces dé-

couvertes ; mais l'exactitude des faits ne fut mise en
évidence que par Tournefort et Pontedra. Linné, le
grand botaniste, démontra l'existence des deux organes
séparés et nécessaires à la reproduction, en plaçant un
pied de mercuriale portant des organes mâles au bout
d'une serre, et un autre femelle du côté opposé ; lorsque
l'un se trouvait rapproché de l'autre, les fleurs fructi-
fiaient ; à mesure que l'éloignement se faisait, la plante
devenait graduellement inféconde et restait ainsi frap-
pée de stérilité absolue par l'éloignement. Spallanzani
prétendait avoir réussi à obtenir des fruits sans fécondation ; ses expériences sur le melon d'eau, choisi
comme ayant les organes de reproduction les plus apparents, ne furent pas concluantes, car il est très-difficile
de ne pas laisser involontairement quelques fleurs
mâles. M. Naudin, ayant pratiqué une ablation totale de
l'organe mâle avant l'époque ordinaire de reproduction,
observa que dans la plupart des cas l'ovaire ne prenait
aucun accroissement, le plus souvent même les fleurs
se détachaient toutes ensemble au bout de quelques
jours. Chez les *Nicotiana*, les *Nicandra* et les *Petunia*,
il arrivait fréquemment qu'un petit nombre de fleurs
persistaient et donnaient plus tard des graines bien
conformées. Il est probable, dans ce cas, que les fleurs
cachées avaient reçu, soit par l'intermédiaire du vent
ou de circonstances inappréciables, une très-faible
quantité de pollen, suffisante cependant pour la fécondation de plusieurs ovules. Il existe très-peu de fleurs
qui puissent être fécondées de cette façon. Sur le *Mirabilis jalapa*, les fleurs ne contenant qu'un petit ovule
ne développent par conséquent qu'une seule graine.
Après avoir enlevé les étamines de plusieurs fleurs,

l'expérimentateur a déposé sur l'organe femelle un ou
deux grains de pollen ; quelquefois un seul grain a suffi
pour obtenir une gráine qui plus tard produisait un autre
individu, mais le plus souvent il était chétif et au-
dessous des proportions ordinaires de son espèce. Donc
la quantité de matière fécondante influe notablement
sur le développement de l'ovaire et sur celui de la graine
qu'il fournit.

Les sépales du calice et les pétales de la corolle forment ce qu'on appelle les deux premiers *verticilles* de
la fleur.

Fig. 101. — Étamine de Belle-de-nuit
(*Mirabilis jalapa* L.) × 10. Anthère recouverte de pollen.

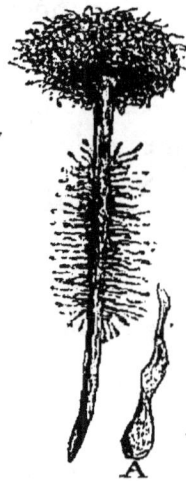

Fig. 102. — Étamine de *Tradescantia*
× 10 Anthère recouverte de pollen.
A. Détail d'article émanant du filet
× 40.

Le troisième *verticille* floral, qui porte le nom d'*an-
drocée*, est constitué par les étamines qui proviennent
de feuilles modifiées successivement et insensiblement.
On y distingue deux parties : le *filet*, petite tigelle grêle,
représentant le pétiole de la feuille ; il supporte l'*anthère*, qui le termine en forme de petite masse, suscep-

tible d'une multitude de formes variables selon chaque
espèce. C'est dans l'anthère que se développe l'agent le
plus essentiel à la reproduction, le *pollen*. Il est contenu dans les loges de l'anthère, jusqu'à ce qu'il soit
expulsé par la contraction des cellules fibreuses, au
moment de la *déhiscence :* on nomme ainsi le phénomène par lequel le grain de pollen, arrivé à maturité,
s'échappe de sa prison et se trouve lancé sur le pistil,
au sein duquel il porte la fécondation, en émettant des

Fig. 103. — Étamine à 4 loges. Fleur
femelle de *Proanthera linearoi-
des* × 10.

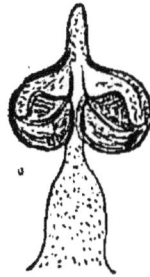

Fig. 104. — Étamine de fleur mâle de
Ridia triococa × 10.

petits tubes qui s'allongent comme une trompe d'élé-
phant.

Les loges de l'anthère, au nombre de deux, de quatre,
s'ouvrent soit par une perforation naturelle, soit par
une fente qui lézarde leurs parois, à un moment donné,
pour permettre l'émission. Quelquefois il y a vers le
milieu, ou au sommet de chaque loge, une sorte de
valvule qui, à l'époque de la fécondation, se soulève
comme un couvercle et reste attachée par un de ses
bords comme sur une charnière; exemple, les *Berberis*,
les *Monimia*. En examinant attentivement quel génie
pratique a été développé, dans la disposition des arti-
fices ménagés, pour que le petit globule microscopique

du pollen abandonne la cavité dans l'intérieur de laquelle il a pris naissance, on ne peut s'empêcher d'admettre la prévoyance et la puissance de la nature. Les étamines accomplissent alors un mouvement spontané, exécuté avec précision, comme un être animé, si toutefois de nombreuses causes accidentelles ne viennent pas compromettre le succès.

M. Chatin, dans ses recherches sur la cause de la déhiscence des anthères, arrive à cette conclusion générale : préparée par des faits d'organisation, elle est déterminée par des causes extérieures, la dessiccation et le milieu ambiant.

Les phénomènes de la fécondation se produisent lorsque les organes de la fleur ont acquis tout leur développement. Examinons la fécondation des graminées chez lesquelles elle est instantanée. Les anthères s'ouvrent latéralement, elles s'animent d'un mouvement de torsion, elles laissent tomber une pluie de pollen sur le stigmate étalé en éventail ; puis les filets des étamines s'allongent rapidement, tout en se tordant; les étamines écartent les valves, se font un passage et viennent

Fig. 105. — Étamine de Vigne × 40. a. Anthère. b. Pollen × 400.

pendre en dehors de la fleur ; elles sont alors presque vides. C'est à ce moment que l'horticulteur dit que les filets des étamines ne sont pas disposés en vrilles, ni repliés sur eux-mêmes. Pour satisfaire à leur allongement, il leur faut de la matière toute préparée; cette matière ils la trouvent dans les deux glandes placées à la base de l'ovaire. Ces deux appareils contiennent un suc épais que l'on peut extraire en le piquant avec une aiguille. Les glandes servent si bien à l'alimentation

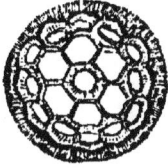

Fig. 106. — Pollen de Cobœa × 150.

Fig. 107. — Pollen de Rose trémière × 150.

des filets, qu'elles se vident lorsque l'allongement se produit.

Lorsque le pollen tombe sur le stigmate, il se fixe.

Fig. 108. — Pollen de Passiflorée × 200.

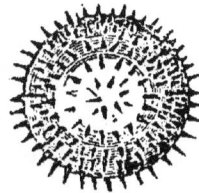

Fig. 109. — Pollen de *Micranthea hexandra* × 100.

sur les tubes effilés dont le stigmate est hérissé et qui le perforent. Ces tubes, ouverts à leurs extrémités,

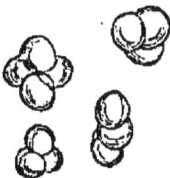

Fig. 110. — Pollen de Bruyère × 250.

Fig. 111. — Pollen d'Ellébore × 80.

jouent le rôle de suçoirs pompant la poussière pollinique ou *fovilla*, pour la transmettre par les canaux à l'ovaire. Après la fécondation, le pollen vidé et crevé se

dessèche ;. quant au stigmate, il se replie sur lui-même
et se flétrit. Tous ces faits peuvent s'observer très-facile-

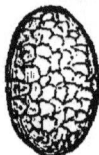

Fig. 112. — Pollen de Lis
× 250.

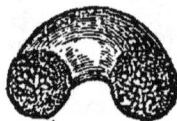

Fig. 152. — Pollen de Pin maritime
× 150.

ment sur les céréales et les graminées. Pour voir le détail, il suffit de fendre longitudialement la valve externe ;
alors en écartant ses deux parties on découvre les organes de la fécondation renfermés dans les deux
rideaux de la valve interne ; la chaleur de l'haleine,
un rayon de soleil suffisent
pour provoquer le phénomène.

Le verticille, situé au centre
de la fleur, est le pistil. Le sommet de tout pistil est terminé
par une dilatation cellulaire ou
stigmate, résultat de l'épa-
nouissement du tissu du style,
composé de vaisseaux adduc-
teurs. Ils constituent le canal
étroit qui, dans l'axe du style,
établit une communication entre le stigmate qui reçoit le
pollen et l'ovaire résultant de
la partie inférieure du pistil.

Fig. 114. — Pistil bifurqué du
Dahlia × 10.

Il est à remarquer que le nombre des styles est presque toujours égal à celui des carpelles, mais ils se

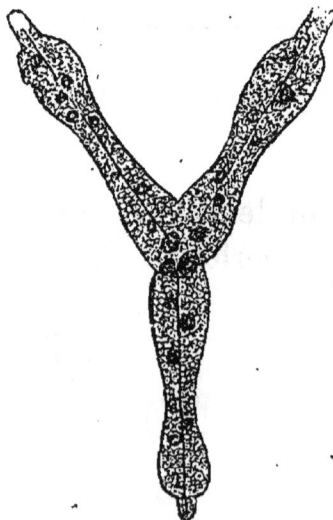

soudent quelquefois en un seul. Le pistil peut rester
simple ou se bifurquer comme chez le dahlia (fig. 114) ;
il devient aussi rameux comme dans quelques euphor-
biacées.

A la base du pistil, bien visible généralement au-dessous de la fleur, il existe un renflement : l'ovaire ; —
il renferme dans sa capacité de petits corps, les *ovules*,
qui ne sont que des graines à l'état embryonnaire,

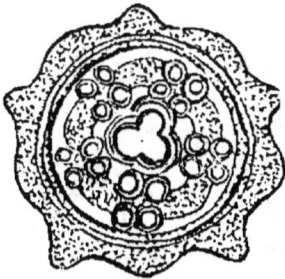

Fig. 115. — Diagramme d'un ovaire
de Passiflorée × 15. Symétrie
dans la disposition des loges.

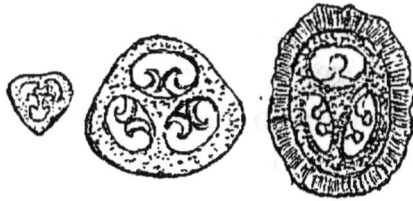

Fig. 116. — Trois diagrammes successifs
pris à différentes hauteurs montrant
les vraies cloisons et la placentation
× 20. *Canna Nepolensis* Wall.

prenant naissance dans cette sorte de conceptacle. Cet
°organe si délicat de la plante n'est pas toujours visible
sans l'intermédiaire du microscope ; il permet de saisir dans le diagramme la remarquable symétrie qui
a présidé à sa constitution. Ainsi nous trouvons chez
les passiflorées cette grande régularité dans la disposition des loges (fig. 115). En examinant l'intérieur
de la fleur, on voit qu'il ne peut y avoir au centre
qu'un seul carpelle et que la coupe normale, à l'axe du
pistil, présente des loges correspondantes. Si chacun
des carpelles formant le pistil composé est plié au moment où il devient la cloison séparative de chaque cavité ovarienne, l'ovaire aura autant de loges distinctes

qu'il y aura de vraies cloisons. Ainsi dans le *Canna Nepolensis* (fig. 116), des coupes successives, prises à différentes hauteurs, montrent la graduation et la position de vraies cloisons. Par opposition, on nomme fausses cloisons celles qui ne dérivent pas directement de la formation de la paroi de l'ovaire. Le caractère qui, dans un ovaire, permet de reconnaître les cloisons formées par les parois mêmes des carpelles, s'affirme dans les styles, et les stigmates sont superposés aux loges en alternant avec les cloisons.

L'ovule est contenu dans la cavité ovarienne où doit s'opérer la fécondation qui la transformera en graine. D'abord attaché par une large base, il s'épaissit à son sommet et reste adhérent par un ligament ou funicule, au bout duquel il est suspendu. Il prend le nom de *campylotrope* quand le funicule est recourbé en crochet. On en trouve un curieux exemple dans la fleur de la dentelaire du Cap (fig. 117).

Fig. 117. — Ovule campylotrope de la Dentelaire du Cap (*Plumbago Capensis*) × 10.

La plupart des plantes réunissent dans chaque fleur étamines et pistil et sont en conséquence capables d'avoir une graine fécondée facilement; d'autres n'offrent que l'organe de l'un des deux sexes. Il faut alors, pour que la fécondation se produise entre les divers organes séparés, que les étamines confient aux vents ou aux insectes leurs poussières créatrices, et que ceux-ci, en apportent quelques grains sur leur pistil ; il suffit de la moindre cellule pollinique convenablement placée pour que la reproduction ait lieu. Fabroni a vu fructi-

fier deux fois en dix-huit ans un palmier femelle, qui
se trouvait à Castello, maison de Plaisance du grand-
duc. Le palmier mâle le plus voisin était à Lamporecchio,
village éloigné de huit lieues. Le dattier ne réunit pas
en lui-même, dans chacune de ses fleurs, étamines et
pistil : certaines tiges sont mâles, d'autres sont femelles ;
il en résulte que, pour en obtenir du fruit, il faut, aidant
l'action de la nature, ne pas laisser au hasard cette importante partie du travail de la fructification. Les Ara-
bes du Sahara sont au fait de cette particularité depuis
des siècles. Dès que la fleur est arrivée au point favora-
ble, ils montent au sommet des dattiers mâles, prennent des étamines qu'ils vont ensuite introduire dans
le régime des pieds femelles; s'il est déjà trop ouvert, ils font une ligature afin que le pollen puisse
mieux exercer son action ; pour les encourager dans
l'accomplissement de ce soin, les propriétaires des dattiers les intéressent proportionnellement à la récolte.
Cette opération se pratique en grand dans les oasis du
Sahara ; Biskra compte à lui seul plus de 150,000 pal-
miers-dattiers.

Si les caprices du vent servent beaucoup à la diffusion
de la matière fécondante, les insectes remplissent aussi
un rôle dans la fécondation artificielle par les grains
qu'ils rapportent à leurs pattes, après avoir été butiner
de fleur en fleur ; messagers de la nature, ils accomplissent inconsciemment une action indispensable à la perpé-
tuité de l'espèce. Les abeilles, emportant le miel puisé
au fond de la corolle, ont leur corps et leurs ailes chargés de pollen qui se dépose sur les pistils voisins qu'elles
vont ensuite visiter. Depuis longtemps, les botanistes connaissent le mode de fécondation par l'intermédiaire des

insectes et des mouches. Grew émettait ainsi une opinion mal définie peut-être, mais qui dénotait une certaine intuition de ce fait : « Je ne veux point aussi décider si tous les petits animaux ne tirent du cœur des fleurs que quelques sucs ou s'ils en emportent véritablement quelques parties solides, comme les globules ; et enfin je ne sais encore quel est le premier et principal usage des fleurs, parce que celui dont je viens de parler, quoique fort considérable, n'est que le second. »

La fécondation artificielle est un moyen puissant en horticulture pour obtenir des espèces rares et croisées et donner une fructification plus abondante. Beaucoup de plantes importées des régions lointaines restent stériles dans nos climats, parce qu'elles manquent de ces intermédiaires ailés pour les rendre fécondes. Les jardiniers intelligents, amateurs d'expériences, se servent du pinceau pour faire pénétrer jusqu'au fond du calice la fovilla empruntée à un sujet choisi pour ses qualités. On cueille aussi les fleurs mâles, après avoir enlevé leur calice et leur corolle ; on en dépose une dans chaque fleur femelle ouverte, en ayant soin de faire adhérer au stigmate l'anthère, cet atelier du pollen. Quelques jours après, la corolle de la fleur femelle tombe, avec la fleur mâle qu'elle renferme, et le fruit se trouve fécondé. Une autre méthode plus expéditive consiste à faire tomber le pollen sur les fleurs en le secouant légèrement au-dessus ; on arrive ainsi à rendre artificiellement fertiles des sujets restés jusqu'alors stériles. En opérant ainsi, Brongniart a réussi à féconder la *Strelitzia regina,* qui était improductive en Europe.

Dans la fécondation réciproque chez les végétaux, on

peut obtenir des variétés dont les caractères prédominants rappellent tantôt le mâle, tantôt la femelle. Wiegmann penche pour le mâle; Knight et Gœrtner se prononcent au contraire pour la femelle. En 1854, Fermond corrobora l'opinion de Wiegmann dans ses expériences sur les haricots blancs et les haricots écarlates.

Cette mystérieuse poussière d'où dépend la propagation des espèces est curieuse à examiner au microscope. La préparation en est facile : il suffit de toucher avec la lamelle de verre la partie supérieure de la fleur, où le simple contact fait adhérer le pollen, qu'on n'a plus qu'à placer sous l'instrument. Ces granules sont généralement très-fins ; certains n'ont que quelques centimètres de millimètre ; celui de la Fumeterre n'a que $\frac{3}{100}$ de millimètre de diamètre. Chaque grain est une cellule indépendante qui, après avoir reçu de la fleur une vie propre, a élaboré un liquide entremêlé de granules, faisant irruption au dehors, lorsque la membrane cellulaire est rompue ; il y a tout lieu de présumer qu'il est l'agent essentiel de la fécondation.

Un phénomène se produit lorsqu'on met des grains de pollen dans un liquide : à peine tombent-ils dans l'eau qu'ils manifestent un certain mouvement, et bientôt on voit sortir avec explosion une sorte de boyau qui se roule sur lui-même ; d'autres fois, selon la nature du pollen, un nuage de granulations se disperse dans l'eau. C'est par une petite ouverture, un *hile*, que passent ces substances. Ce phénomène a lieu sur certains pollens même deux ou trois ans après la récolte de la plante. Exemple l'*Helianthus annuus*. Celui de la Courge (*Cucurbita pepo*, fig. 118) offre à sa surface cinq saillies, qui, au moyen d'une disposition particulière, se convertissent en opercules par lesquels s'échappe en serpentant un long chapelet de granules polliniques, restant agglomérés, quoique non solidaires. Le pollen du *Convolvulus arvensis* émet un boyau analogue, mais qui reste insoluble dans l'eau; ce n'est que sous l'effort de deux aiguilles qu'il s'étend et s'étire en filaments élastiques, répandant des quantités innombrables de granulations. L'alcool coagule sa substance, l'ammoniaque la ramollit sans la dissoudre.

Ce qui se passe dans l'expérience se produit exactement de même dans l'ordre naturel des fonctions de la fleur; l'extrémité du pistil sécrète une matière légèrement visqueuse, à laquelle les granules viennent se fixer au moment de leur émission.

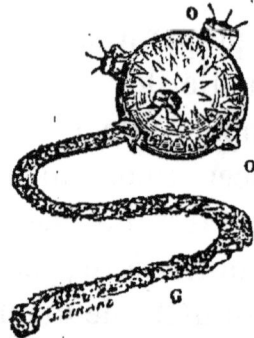

Fig. 118. — Pollen de la Courge (*Cucurbita pepo*) × 200. O. Opercules avec poils. G. Boyau pollinique de granules émis au contact de l'eau.

En voyant d'après cela que le contact de l'eau rend le pollen infécond, on comprendra pourquoi la pluie apporte un obstacle à l'abondance des fruits. L'on dit avec raison que « les fruits ont coulé », car l'abondance de la pluie les a compromis, en emportant la matière nécessaire à leur pleine et entière formation.

Les formes extérieures revêtues par le pollen sont extrêmement variables; le plus fréquemment il se présente en boule, unie, hérissée, réticulée. Il est composé dans le pin maritime et triangulaire dans l'ellébore.

Malgré sa ténuité, son abondance est telle que, suivant certains courants atmosphériques, le pollen d'une espèce de plantes est parfois emporté au loin, coûvrant la terre d'une couche colorée. Ce qu'au moyen âge on a appelé *pluie de sang* n'était autre chose que des nuages de pollen de Conifères ; mais il est vrai qu'à cette époque le microscope était inconnu.

Ce phénomène a été noté un grand nombre de fois. Il s'est présenté dans des circonstances fort remarquables par son intensité à Picton, États-Unis d'Amérique, en 1841, où M. W. Bailey reconnut tout de suite le pollen du pin.

XI

FORMES DE LA GRAINE ET DU FRUIT

Comparaison de la graine avec l'œuf des animaux. — Fantaisies de la
fructification. — Multiplicité des petites graines. — Dispositions de
l'enveloppe extérieure. — Anatomie descriptive. — Opinion fantaisiste
de Grew et de Martin sur le contenu de la graine. — Hile et micropyle. — La graine, base de la classification. — Les appendices et diffusion des espèces. — Sac arillaire. — Appendices divers. — Son
existence future. — Calcul des graines d'un orme.

Les différentes phases successives par lesquelles nous
venons de voir passer les végétaux ont pour but principal la production d'une graine destinée à la perpé-
tuité de l'espèce, qui, dans beaucoup de cas, devient
utile aux besoins de l'homme et contribue à l'entretien de son existence. Les désignations de fruit et de
graine se confondent souvent, quoique les botanistes
appliquent à la première le résultat du développement
de l'ovaire avec son contenu et à la seconde l'ovule
fécondé renfermant l'embryon adulte.

La graine succède donc à la fleur; les opérations
mystérieuses auxquelles nous avons assisté n'ont qu'un
but: reproduire une plante semblable à celle qui lui
a donné le jour; comme chez les animaux, les es-

pèces se reproduisent mutuellement et successivement, obéissant inconsciemment à un ordre supérieur, qui règle toutes choses ici-bas. C'est cette similitude des phénomènes vitaux qui a suggéré souvent aux naturalistes, et particulièrement à Linné, de donner à ces corps reproducteurs des végétaux phanérogames le nom d'*œuf végétal* : point de départ de la plante, qui après avoir subi les diverses périodes de la transformation, continue au moyen de la semence les mêmes caractères de l'espèce. La graine retourne plus tard en graine. *De grano ad granum.*

La bienfaisante nature a voulu que le roi de la création eût à sa disposition les fruits les plus variés, distribuant à chaque climat ceux qui sont le plus convenables à leurs habitants et multipliant les plus nécessaires, sans cependant détruire ceux dont il faut savoir utiliser les propriétés dangereuses. Depuis la courge, aux énormes proportions, jusqu'au grain de blé, si abondant, on retrouve partout une gradation intermédiaire d'une série aussi intéressante qu'appropriée à nos besoins. Aux climats tempérés, les fruits simples ; aux régions intertropicales, les curieux exemples des fantaisies de la végétation puissante ; en Nouvelle-Calédonie, par exemple, il existe un arbre curieux, l'*arbre à chandelles*. Quand on entre dans une de ces forêts, on se croirait transporté dans une fabrique. De toutes les tiges et des branches inférieures de ces arbres pendent de longs fruits cylindriques d'une couleur de cire jaune, qui ressemblent parfaitement à des chandelles. Le fruit a souvent 1 mètre de long et 5 centimètres de diamètre.

Il semblerait que plus les fruits sont petits, plus la

plante témoigne de vitalité et d'énergie dans la reproduction en multipliant leur nombre. La quantité des
graines que mûrissent certaines plantes étonne l'imagination : on en a compté deux mille sur un seul pied
de maïs ; quatre mille sur un pied de soleil ; dix-huit
cents sur un pied d'orge ; et jusqu'à trois cent soixante
mille sur un seul pied de tabac. Les champignons ont
une production encore plus considérable ; dans le *Ly-
coperdon*, la quantité se chiffre par milliards de spores
pour une seule journée. Combien y a-t-il de spores dans
la poussière de vesce-de-loup qu'on applique sur les
coupures pour arrêter le sang? Combien faut-il de
grains de blé pour nourrir une seule personne pendant un an? Et cependant la culture fournit à tout le
monde son pain quotidien.

La grosseur de la graine proprement dite est aussi
variée que les espèces ; tantôt elle est volumineuse,
tantôt impalpable. Celle du *Lodoicea* atteint le double
de la grosseur de la tête d'un homme, tandis que celle
de la campanule est fine comme la poussière ; la graine
n'a ainsi aucune proportion relative avec la taille de la
plante.

Nous laisserons de côté les graines de fortes dimensions, pour n'envisager que celles qui échappent à l'œil
nu. Les plus petites ne sont pas moins bien organisées;
elles ont les mêmes dispositions. On considère deux
parties distinctes dans la graine : *l'embryon* et *l'albumen*. L'embryon est la partie essentielle destinée à
devenir le nouvel individu ; il contient dans sa composition tous les éléments nécessaires à son développement : matière amorphe échappant le plus fréquemment à l'analyse, elle deviendra plus tard, quand les

circonstances d'humidité et de chaleur le permettront, une plante complète, sans qu'on puisse établir quelle a été sa nature au point de départ. La nouvelle plante se trouve toute formée dans certaines graines où l'on peut voir les cordons par lesquels le jeune être tient aux mamelles qui vont le nourrir. En second lieu, l'albumen est un amas de matières alimentaires, dont la fonction est de nourrir le jeune embryon pendant son époque de développement, de même que

Fig. 119. — Graine de Cotonnier (*Gossypium*) × 5. T. Test. E. Partie coupée laissant voir l'albumen.

l'albumine de l'œuf nourrit le petit poulet avant qu'il éclose. La graine est revêtue extérieurement d'un *test*, sorte d'enveloppe protectrice, servant de coquille à l'œuf végétal.

Nulle part on ne trouvera une aussi grande variété d'organes ; les œufs des animaux sont tous indistinctement ovoïdes, jamais ils ne présentent d'arêtes ni de téguments compliqués. Mais si les graines ont une disposition sphérique prédominante, il y a aussi un nombre infini d'exceptions bizarres, preuves de la richesse des formes dans les végétaux. De là cette dénomination de polymorphe qui lui a été appliquée. Le grain du *Cryptocarpha tribuloides* (fig. 121) est ovale, mais présente cette particularité d'avoir quatre côtes disposées symétriquement les unes par rapport aux autres. Celle du *Begonia* a la forme d'un petit chapeau (fig. 120).

Considérant anatomiquement la graine, on remarque que la portion extérieure est ordinairement coriace et rigide. Elle consiste en une sorte de pellicule nommée *test* ou *spermoderme*; tandis que celle qui est sous-

jacente et interne est, au contraire, mince et membraneuse : elle constitue le *tégument*. Le test est destiné

Fig. 120. — Graine de *Begonia*
× 10.

Fig. 121. — Graine de *Cryptocarpha
tribuloides* × 15. Coupe diamétrale
indiquant la disposition des côtes.

à la protection de l'amande ; c'est lui qui donne le caractère extérieur. L'amande est la partie proprement
dite où se trouve la vertu reproductrice. Nous voyons
(fig. 122) une graine d'ortie grièche dont un côté en-

Fig. 122. — Graine d'Ortie grièche
(*Urtica urens*) × 5. T. Test hérissé
de piquants. G. Coupe laissant voir
l'amande.

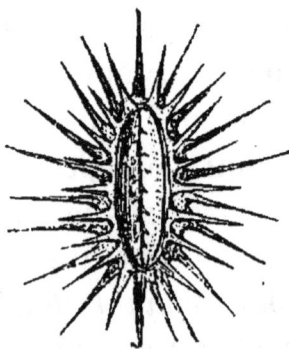

Fig. 125. — Graine de Carotte (*Dau-
cus carota* Z.) × 10. Hérissée de
piquants.

levé laisse voir la graine ou l'amande, masse amorphe
dans laquelle on ne peut distinguer aucun élément particulier ; l'autre côté montre l'extérieur : le test, hé-

rissé de petites pointes dans l'exemple que nous avons choisi.

La nature de l'amande, en général, est difficile à analyser ; la micrographie y échoue aussi bien que la chimie inorganique. Les botanistes anciens ont cherché vainement. Grew voulait voir dans l'amande une petite plante microscopique déjà existante, quoique d'une grande ténuité ; il la regardait comme une réduction préalable du sujet futur. B. Martin a publié, en 1742,

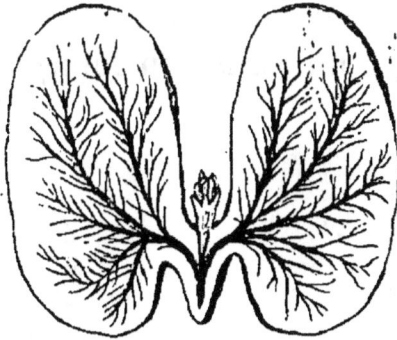

Fig. 121. — Graine renfermant la plante à l'état microscopique, selon l'hypothèse de Grew et de Martin.

à Londres, un ouvrage sur le microscope dans lequel (chap. XIII) il émet pareille assertion : « Les fruits des plantes sont répandus en nombre immense de variété. Il est impossible de les considérer sous chacune de leurs parties... Je ferai la remarque que si la partie succulente de la pulpe des pommes, groseilles, cerises, est découpée en tranches minces et mise sous le microscope, on y découvrira une fine contexture ou une ramosité fibreuse de parties vasculaires, dont les interstices sont remplis de suc végétal. La masse consiste en un nombre infini de corpuscules sphéroïdaux, composés de substances diverses. Si l'on en fait bouillir un fragment et qu'on l'observe avec attention au microscope, on remarque, non sans étonnement, que la plante future est contenue dans le fruit actuel, complète dans toutes ses parties, même lorsque la graine est encore revêtue de son enveloppe ou écaille. Ceci se voit plus particulièrement dans les grosses espèces de fruits. »

Dans certaines graines, on rencontre plusieurs téguments superposés les uns aux autres, quelquefois trois, sans que leur contexture soit homogène et identique. Lorsque le test se détache du centre de l'albumen, où il était retenu par un cordon ou funicule, il laisse une

Fig. 125. — Graine de Coquelicot de Californie × 20. Test réticulé : *micropyle* à la partie supérieure.

Fig. 126. — Graine de Silène (*Silena pendula*) × 15. Test avec écailles. *Hile* à la partie supérieure.

cicatrice. Si elle est proéminente, elle prend le nom de *micropyle* ; exemple : graine du Coquelicot de Californie (fig. 125) ; si elle présente un renfoncement en forme de fossette, elle s'appelle *hile* ; exemple : graine de Silène (*Silena pendula*, fig. 126).

La physionomie de la graine a une importance majeure en botanique, parce qu'elle sert de base à toute la classification. Chez un certain nombre on remarque deux petites masses saillantes, comme dans le haricot ; chacune d'elles est un *cotylédon*, petite côte ; d'autres n'ont qu'un seul cotylédon. De là le point de départ :

on nomme *Monocotylédonés*, les espèces dont le grain est pourvu d'un seul cotylédon ; *Dicotylédonés*, celles où il en existe deux ; et *Acotylédonés*, celles où la graine en est totalement privée. Jussieu, le fondateur de la méthode naturelle, détermina ces trois grandes divisions du règne végétal, qui depuis ont été universellement employées.

Si les ethnographes ont été frappés de la dissémination des races à la surface du globe, les botanistes ont aussi constaté avec admiration la répartition incommensurable des végétaux sur toute la terre. Le vent s'est chargé de la diffusion des graines ; les courants marins ont apporté à travers l'Atlantique les germes des arbres qui couvrent les îles sauvages de l'Océanie ; car certaines graines résistent avec ténacité aux causes détériorantes, plus qu'on ne serait porté à le croire. Ainsi, on a trouvé dans les sépultures égyptiennes des grains de blé qui, semés en terre, ont germé comme du blé récolté dans l'année. Des fleuves ont transporté de leur source à leur embouchure des fruits légers qui, se déposant sur leurs rives, finissent à la longue par former des forêts, si la main destructive de la civilisation ne vient pas les en empêcher.

Afin de favoriser la diffusion, la nature a pourvu un grand nombre de graines d'appendices, d'organes extérieurs adhérents, dépendants de son organisation ; ces organes modifient sensiblement l'apparence extérieure, et ils semblent n'avoir aucun caractère d'utilité immédiate. Ces enveloppes velues, couvertes de poils ou surmontées d'aigrettes, servent à transformer la graine en petits aérostats, que nous voyons voler aux jours d'automne. Les aigrettes naissent à la par-

tie supérieure de la graine et y forment un pinceau
de poils épanouis, généralement blanc, tellement léger,
qu'elle peut voltiger facilement. Le groupe des composées renferme beaucoup de plantes dont la graine est
munie de cet accessoire. Le pissenlit en offre l'exemple
le plus commun ; l'aigrette peut provenir directement de
la partie supérieure sans intermédiaire, ou s'épanouir à

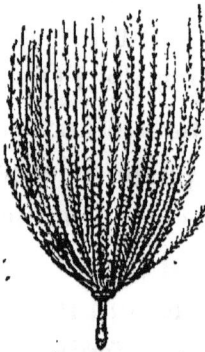

Fig. 127. — Graine de Pissenlit × 5
avec aigrette.

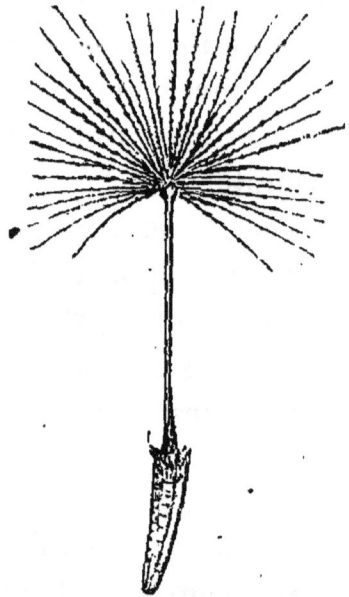

Fig. 128. — Autre graine de Pissenlit
× 5 avec aigrette à l'extrémité d'une
tigelle.

l'extrémité d'un filet ou tigelle, servant de hampe. Nous
avons fréquemment vu ces graines sans nous arrêter à
contempler leur construction aussi simple que judicieu-
sement combinée. Les lois de la statique y ont été scru-
puleusement observées, l'équilibre y est conservé au plus
fort souffle du vent ; le petit appareil est lesté avec la
graine, comme un parachute, mais beaucoup mieux
équilibré, puisque celui-ci ne sert qu'à amortir la vitesse

de la descente, tandis que la graine s'élève dans les airs
au moyen de son aigrette panachée. Si on voulait établir un appareil aérostatique copié sur cette délicate
œuvre de la nature, il est bien probable qu'on ne réus-
sirait pas aussi bien.

L'*arille* est un autre appendice non moins curieux ;

Fig. 129. — Graine d'Orchidée des
Indes (Essequiboo) × 60, renfermée
dans un sac arillaire.

Fig. 130. — Graine d'*Hyperis* × 30,
renfermée dans un sac arillaire
membraneux.

il consiste en une sorte de sac à tissu membraneux servant d'enveloppe. Il est constitué par un renflement du
funicule. Ce tégument accessoire est lâche et charnu
dans les passiflorées, souvent ouvert à l'extérieur. Dans
les dilleniacées, il est au contraire fermé. M. Planchon
a démontré qu'il y avait quelquefois confusion entre
l'arille réel et le faux-arille ou arillode. Le premier naît
du funicule proprement dit, tandis que le second émane
des bords de l'*exostome* ; c'est le faux-arille, tunique
brodée à jour, qui produit le macis de la noix muscade.
Cet appendice appartient plus spécialement aux graines
microscopiques, probablement à cause de la nécessité

de protéger leur infinie petitesse contre les chocs et les actions détériorantes de la température. Quelquefois peu développée, elle forme dans certains cas un sac assez vaste pour en contenir d'autres, mais cette circonstance ne se présente presque jamais. Ce sac est confectionné d'une membrane consolidée par des nervures, au milieu desquelles la graine semble attachée.

Certaines graines ont une expansion cellulaire et foliacée, sortant du test qui a reçu le nom de *strophiole*. La graine de giroflée rouge est entourée d'une collerette de tissu membraneux et léger, interrompue à la rencontre de l'ouverture micropylaire (fig. 131). Le blé et l'avoine sont couverts d'une simple membrane qui meurt avec eux. D'autres enfin ont leur surface hérissée de piquants, s'enfonçant dans les corps mous qu'ils rencon-

Fig. 131. — Graine de Giroflée rouge × 15, entourée d'une collerette.

trent, adhérant aux vêtements. Telle est celle de la carotte cultivée ; les piquants sont disposés symétriquement sur cinq files et alternés ; la base au contraire en est dépourvue.

Ainsi ce petit corpuscule que nous voyons organisé de tant de façons diverses, contient l'individualité multiple dont les différents termes seront plus tard représentés par des plantes de toutes grandeurs, si les circonstances lui prêtent vie. Cette association est essentiellement fixée au sol ; la plante, privée de locomotion régulière, ne saurait fuir les influences funestes à son organisation ; elle reste sous la dépendance immédiate des agents extérieurs. Son existence dépend donc du lieu qu'elle habite ; aussi lorsque le terrain lui convient,

elle se crée une famille nombreuse dont les divers représentants se succèdent rapidement dans un même lieu ;
son abondante fructification lui permet de se reproduire
des millions de fois, avec une fixité incomparablement
plus grande que celle qui préside à la conservation des
types animaux.

Au dernier siècle, on s'extasia beaucoup lorsqu'un
savant, Dodard, fit connaître à l'Académie des sciences
un calcul au moyen duquel il essayait d'évaluer le nombre des graines qu'un seul arbre était susceptible, pendant toute sa durée, de rapporter pour la reproduction
de son espèce. L'arbre pris au hasard pour l'expérience
était un orme de douze ans. En abattant une branche
de 5 mètres de long, on y trouva 16 450 graines. Éva-
luant qu'un pareil orme contient au moins dix branches
semblables, on estime le nombre total des graines
à 164 500 ; Dodard suppose qu'un orme moyen fournit
330 000 graines par an. Prenant un siècle pour moyenne
de la vie de l'arbre, on trouve 33 millions de graines ;
dans ce chiffre il ne tint compte ni de l'accroissement
de l'arbre, ni de la proportion de production, ce qui le
met au-dessous de la réalité. Cet observateur, qui avait
été si sobre dans l'évaluation des graines produites réellement par l'arbre, fait ensuite un calcul fictif sur le
nombre de graines qu'il pourrait produire, si on le cou-
pait successivement à plusieurs hauteurs : il l'évalue à
plus de 15 milliards. En général, on n'attribuait autrefois une si grande abondance de germe qu'à la nature
végétale ; aujourd'hui on est arrivé à mieux connaître
les êtres vivants et à démontrer que l'animalité est
douée d'une fécondité non moins admirable ; mais dans
les animaux l'abondance des germes est pour ainsi dire

en raison inverse de la taille. Quand on examine la reproduction des poissons, on trouve que d'une seule morue il peut sortir 20 millions d'œufs fécondés !

XII

LE TAPIS VÉGÉTAL DES FORÊTS

Les mousses garnissent le parterre des bois. — Elles cherchent l'humidité. — Description générale. — Tentatives pour connaître le mode de reproduction. — Découverte des anthérozoïdes. — La plante procrée un animalcule. — Organes des mousses. — Les hépatiques. — Leur fructification. — Classification des hépatiques. — Étude de Mirbel sur le *marchantia*. — Des *sphagnums*. — Le port des fougères. — Examen des frondes. — Les capsules. — Elles contiennent aussi des anthérozoïdes. — N'oubliez pas le microscope dans vos excursions.

Sous le couvert des forêts, les plantes herbacées et les mousses jettent un voile de verdure sur la terre jonchée de perpétuelles feuilles mortes; elles cachent le sol en modifiant ses aspects pittoresques. La nombreuse famille des Muscinées formant des tapis verdoyants et moelleux, se plaît à l'abri des rayons du soleil, sous les massifs épais, au pied des vieux chênes et dans les épais fourrés des bois taillis. A quoi faut-il donc attribuer l'impression si profonde que fait en général sur nous la vue de cet hôte des bois, si humble, si modeste par lui-même? Sans doute le milieu où vivent ces charmantes petites plantes ajoute beaucoup à leurs charmes. Ainsi lorsque, avec les

chants joyeux des oiseaux, les beaux rayons d'or que le
soleil tamise à travers les feuillages des chênes et des
bouleaux, le promeneur solitaire et rêveur découvre
tout à coup, dans ces délicieuses retraites, un parterre
de mousses, il lui semble d'autant plus joli qu'il est
merveilleusement encadré !

Cueillons non pas une touffe, mais un simple petit
rameau, un brin de mousse, nous verrons un arbre en
miniature, un charmant petit végétal cryptogamique. Les mousses recherchent de
préférence les endroits humides ; la sécheresse les ferait mourir, si l'on abattait les
grands arbres sous la protection desquels
elles se sont placées. Cette condition est
nécessaire à leur développement ; le froid
leur est moins funeste que les ardeurs de
l'été ; aussi, pendant une partie de l'hiver,
demeurent-elles pour raviver les tons tris-
tes des gazons. Un brin de mousse, porté
sous le microscope, laisse apercevoir des
gouttelettes d'eau dans ses feuilles ténues.
Si leurs racines ne sont pas très-développées

Fig. 132.
Tige de Mous-
se × 5.

et qu'elles se contentent de peu de terre, propre à leur
nutrition, il leur est nécessaire de mettre en réserve,
dans leurs folioles, les gouttelettes de la rosée du matin.

Les mousses sont des végétaux cryptogames entièrement cellulaires ; ils forment une transition entre les
phanérogames et les champignons. Elles ont des racines,
des feuilles comme les plantes d'ordre supérieur, mais
leur mode de reproduction a lieu par des spores comme
les champignons. Depuis les Ricciacées, qui ne sont que
de simples lobes de parenchyme vert flottant sur l'eau,

jusqu'aux Jungermanniées, elles offrent une grande variété dans leurs représentants. La tige est généralement rameuse et pourvue d'un rhizome; les feuilles sont sessiles, entières et disposées en cycles variables. Elles ont cependant parfois une seule nervure médiane. Ainsi la feuille du *Mnium cuspidatum* (fig. 133) est partagée par une fibre unique, sans aucune ramification, comme cela existe dans les végétaux phanérogames. Le limbe est formé d'une seule couche de cellu-

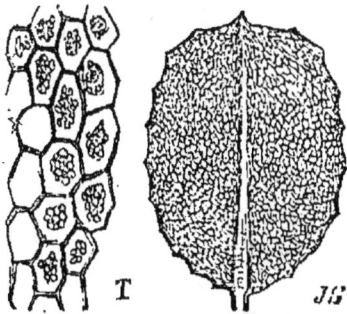

Fig. 133.—Feuille de mousse: *Mnium cuspidatum* × 25. T. Tissu cellulaire × 200. Cellules hexagonales membraneuses reliées par un réseau fibreux avec grains de chlorophylle.

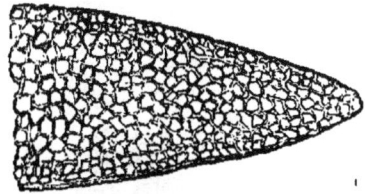

Fig. 134. — Corps de feuille de *Mnium cuspidatum* × 20. Coupe transversale. Mésophylle uniforme.

les, rarement de deux superposées; elles sont reliées entre elles par un réseau fibreux, régulier, uniforme, indépendant de la nervure médiane; comme elles sont très-transparentes, il est facile de voir les grains de chlorophylle agglomérés en paquets dans le milieu de chaque cellule, en laissant les parties latérales dépourvues de granules.

Quoique classées parmi les cryptogames, les mousses sont pourvues d'organes présentant une certaine analogie avec les phanérogames; elles sont monoïques, dioïques, hermaphrodites. Depuis longtemps les physiolo-

gistes les plus distingués ont fait des recherches sur
leur mode de multiplication : Sprengel, Friès, Hooker,
Greville, Walker-Arnott n'ont pas résolu la question
d'une manière satisfaisante, malgré leurs travaux assi-
dus, car il faut employer des grossissements très-forts
pour parvenir à saisir l'œuvre de la nature ; Ray, Tournefort, Vaillant, Dillennius échouèrent également, mais

Fig. 135. — Feuille de la *Frullania
dilatata* × 500. Cellules membraneuses avec grains de chlorophylle.
Cellules spéciales sur le bord de la
feuille.

Fig. 136. — Tissu fibreux de la feuille
de mousse. Les fibres constituent
des cellules interstitielles, renfermant de la chlorophylle. A, B. Coupe
verticale sur les fibres.

ils admirent la fructification des mousses sans le secours
d'organes floraux. Agardh s'exprimait ainsi sur la ligne
de conduite qu'il avait suivie dans ses études : *Nec
hypothesibus tantum vagis opinionem propriam con-
didi, observationibus directis opinionem fundare et
dubia decidere semper quæsivi.* Schmidel (1759)
avait remarqué une « déhiscence de corpuscules siliceux » dans la *Fossombronia pusilla.* Il était réservé à
Unger de voir le premier les spiricules dans les anthères
du *Sphagnum.* Schimper, ayant fait accomplir le der-

nier pas par ses observations, dit : « Chacune de ces cellules renferme un *anthérozoïde* et quelques granulations grisâtres, qui nagent dans un mucilage. »

On attribue aux anthéridies le sexe mâle ; alors l'archégone, en quelque sorte le pistil des cryptogames,

Fig. 157. — Anthéridies du *Polytrichum commune* × 50.

serait l'organe femelle. Dans les opinions controversées émises sur leurs fonctions respectives, les commentateurs ont cependant été obligés d'admettre que la reproduction se fait réellement par des spores, corpuscules tenant lieu de graines. Cette graine a besoin d'être fécondée. On suppose que les petits corps vibratiles qui s'agitent à l'époque de la fructification remplissent ce rôle. Les études de M. Roze ont élucidé cette question avec autorité. « J'essayai, dit-il, de reproduire artificiellement le phénomène de déhiscence, en déposant dans les coupes florales du *Polytrichum* le liquide nécessaire, plaçant quelques gouttes d'eau sur le sommet des capitules dont les anthéridies paraissaient avoir atteint leur maturité. » En suivant les résultats à la loupe, il vit, dix à quinze minutes après, sortir du fond

des capitules de petites colonnes nuageuses et blanchâtres, qui, à mesure qu'elles s'élevaient, paraissaient se
disséminer dans le liquide ambiant. Cette expérience,
de fort peu d'importance par elle-même, permit cependant
à l'observateur d'opérer la manipulation difficile

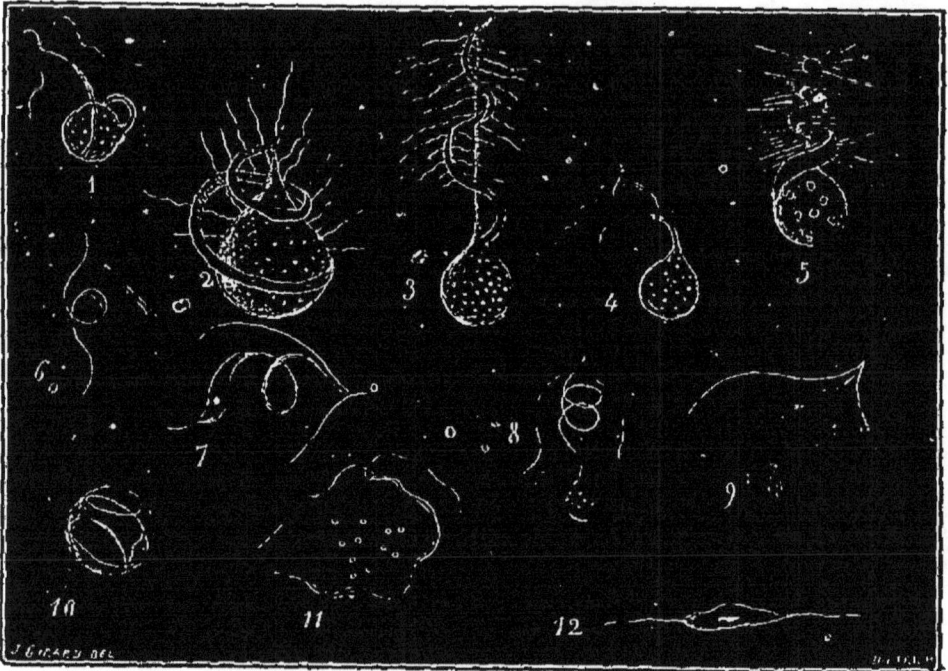

Fig. 158. — Anthérozoïdes des mousses. 1. Anthérozoïde inerte (× 80). *Atrichum undulatam.* — 2. Cellules-mères dans les alvéoles du *Polytrichum formosum.* 3. Cellules-mères s'élevant en colonnes blanchâtres dans la sphère liquide. 4. Cellules-mères des anthérozoïdes du *Dicranum scoparium.* 5. Anthérozoïdes à sec après évaporation de l'eau du même. 6. Anthérozoïde en mouvement hélicoïdal (× 800). *Atrichum undulatum.* 7. Anthérozoïde du *Mnium affine.* 8, 9, 10, 11, 12. Aspect des différents anthérozoïdes du *Mnium affine.*

de placer sur le porte-objet du microscope un certain
nombre d'anthéridies des capitules floraux ou mieux
encore le produit de l'écrasement total d'un capitule.
Il constata la présence de cellules parfaitement sphéri-

ques, dont quelques-unes se roulaient sur elles-mêmes
par l'effet de la capillarité, en suivant les courants produits dans l'eau entre les deux lames de verre, ce qui
ne laissait aucun doute sur leur véritable forme. Puis
l'anthérozoïde se trouvait dans ces cellules à l'état de
filament spiral tracé sur la paroi interne, mais sans
avoir de renflement ; il était accompagné de douze ou
seize granules doués d'une trépidation assez vive pour

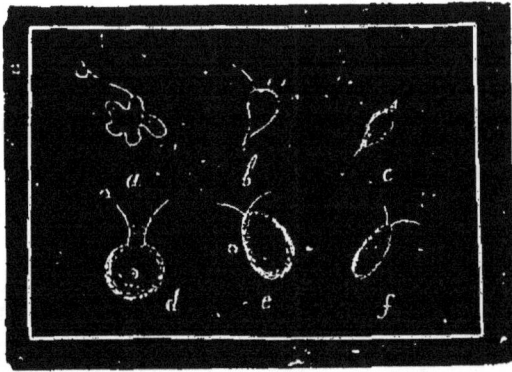

Fig. 139. — a, b, c, d, e, f. États différents d'anthérozoïdes, × 400

qu'il leur fût possible de se porter d'un point à un
autre de la sphère enveloppante et pour empêcher l'observateur d'en compter le nombre avec quelque certitude. Ces expériences ont besoin d'être faites avec un
grossissement de 800 à 1000 diamètres.

Ainsi l'histoire naturelle tourne presque à la fantai-
sie et à la fable ; il sort des animaux d'une plante !
Pendant quelques moments ces larves étonnantes, jouissant ainsi d'une puissance de vitalité incompréhen-
sible, viennent tourbillonner d'une façon fantastique
et vertigineuse, pour celui qui les suit l'œil au microscope. Quand ces évolutions sont terminées, elles se

rapprochent des archégones, qui elles aussi se sont
rendues indépendantes de la cellule maternelle; elles y
pénètrent, les fécondent et y déterminent la formation de germes nouveaux pour une génération future
de mousses.

Comment naît cet infusoire? d'où procède-t-il? quelle
est sa fonction? La réponse ne saurait ressortir de la simple constatation du fait, il faudrait en saisir les conséquences directes; cependant il semble assez évident
qu'il vient remplir une fonction nécessaire dans la fécondation, puisqu'il ne naît que pour cela, et qu'il meurt
aussitôt qu'elle est accomplie. Les principaux caractères
de l'anthérozoïde peuvent se définir ainsi : « La progression de l'anthérozoïde est due à un mouvement de
rotation autour de son axe, durant environ deux heures.
Dès lors la vésicule ovoïde inerte, toujours surmontée
de la spire ciliée, prend une forme sphéroïdale, et
les grains de fécule s'y dédoublent insensiblement,
par suite de l'action endosmotique de l'eau environ-
nante. » (M. Roze.)

Les anthéridies, qui contiennent les anthérozoïdes
quand elles sont arrivées à maturité, sont de petits sacs
cellulaires portés à l'extrémité d'une tige grêle. Les archégones ont une certaine ressemblance avec le pistil
des phanérogames; car ils présentent un renflement inférieur comparable à celui de l'ovaire. Il n'a cependant
aucune fonction analogue à remplir, puisque la capsule
provient de la cellule contenue dans la cavité de l'archégone. Le sac sporigère ou le *sporange*, qui doit s'ouvrir
au sommet pour laisser sortir les séminules, se développe conjointement avec les *paraphyses*, longs poils
formés d'une seule file de cellules. Les *capsules* des

mousses sont très-variées, mais fréquemment arrondies ; elles affectent toujours des dispositions régulières.

Les *Hépatiques* sont de petites mousses qui, par leurs

140. — Sporanges et paraphyses du *Mnium*
cuspidatum × 50.

organes reproducteurs particuliers, constituent une classe spéciale très-nombreuse dans la grande famille des mousses. Elles sont une sorte de transition entre les amphigènes et les acrogènes ; leur structure, essentiellement variable, ressemble en majeure partie à celle des mousses proprement dites pour quelques espèces, tandis que chez d'autres on ne voit qu'une expansion verte, foliacée, sans aucune tige; exemple : *Metzgeria furiole*. Les feuilles offrent plus de variétés' que chez les mousses. La substance du parenchyme est composée d'une couche de cellules membraneuses reliées par un tissu fibreux; celles de la rive de la feuille sont beaucoup plus résistantes. Dans d'autres espèces, les feuilles ne sont que de simples chapelets de cellules jointes par emboîtements consécutifs les unes dans les autres.

Cette catégorie de mousses ne possède point une disposition pareille dans les organes reproducteurs; le sporange est garni de filaments particuliers, nommés *élatères*, dont les fonctions ne sont pas parfaitement déter-

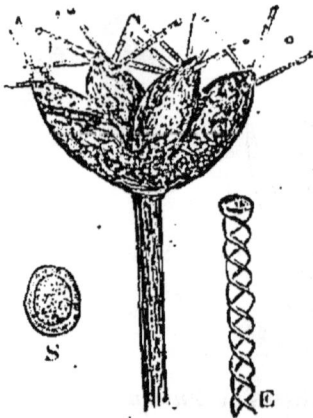

Fig. 141. — Oranges reproducteurs
de la *Frullania dilatata* × 50.
S. Spore. E. Élatère.

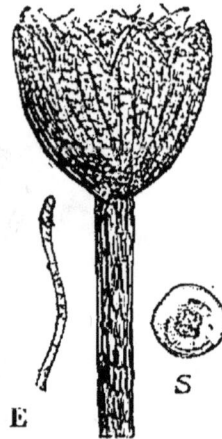

Fig. 142. — Organes reproducteurs
de la *Radule complanata* × 50
S. Spore. E. Élatère × 500.

minées (fig. 141 et fig. 142); on les suppose destinés à disséminer les spores en vertu de leur élasticité. Il y a lieu de remarquer ce fait curieux, que leur propriété hygroscopique les rend susceptibles de mouvements divers sous l'influence de l'humidité ou de la sécheresse. Ces organes proviennent du déchirement en deux spires parallèles de la paroi de cellules longuement tubulées. Lorsque les élatères sont arrivés à un point de formation complète, ils se composent de fibres spirales. La capsule des hépatiques est à peu près comme celle des mousses : elle s'ouvre à l'époque de la maturité et laisse les élathères libres.

Le mode de reproduction comporte également des anthérozoïdes. On y peut observer le même phénomène.

La difficulté qui s'offre aux yeux de l'étudiant est de bien voir les anthéridies ; car le nombre en est très-restreint, et leur forme est quelquefois si singulière, qu'on hésite

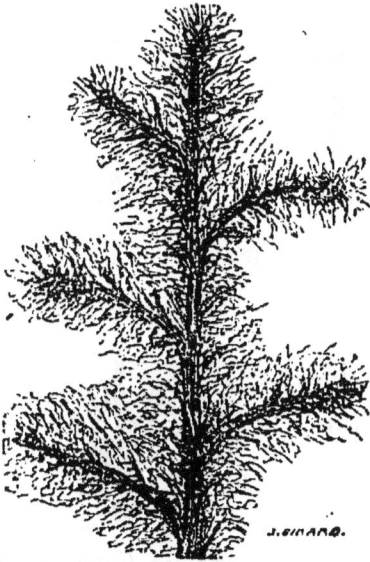

Fig. 143. — Hépatique : *Trichocolæa tomentella* × 20.

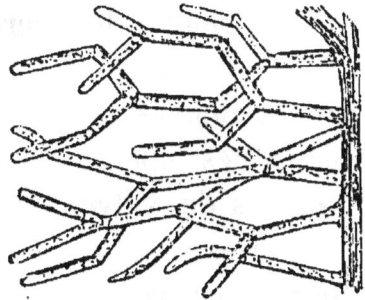

Fig. 144. — Organes foliacés filamenteux du *Trichocolæa tomentella* × 150.

à rapporter le sujet que l'on voit à la plante dont on s'occupe. Comme les échantillons mâles sont ordinairement mal conformés pour fournir une bonne observation, et qu'ils sont très-petits, ce qui exige un objectif très-puissant, il faut examiner une douzaine d'échantillons, avant d'en découvrir un seul. Si l'on a été assez heureux pour avoir juste saisi le moment du développement, on voit les anthérozoïdes sortir des cellules mères de l'intérieur de l'anthéridie ; il suffit de détacher un de ces organes, de le placer dans une goutte d'eau recouverte d'une lamelle de verre mince, pour apercevoir bientôt les cellules mères sortant de l'orifice de l'enveloppe sous forme de cordon et accom-

pagnées de cellules vertes de la paroi de l'anthéridie.
Certainement la théorie de l'anatomie des organes reproducteurs des hépatiques et
des mousses est un peu aride
pour le commençant; mais il est
bien récompensé de sa peine
quand il parvient à voir par lui-
même un anthérozoïde s'agiter
dans le champ du microscope.

On divise les hépatiques en
quatre classes : 1° les *Ricciacées* ; les sporanges sont dé-
pourvus de valves, il n'y a pas
d'élatères ; 2° les *Marchantiées* ; les sporanges n'ont pas
non plus de valves et se déchirent irrégulièrement avec les
élatères; 3° les *Jungermanniées*;

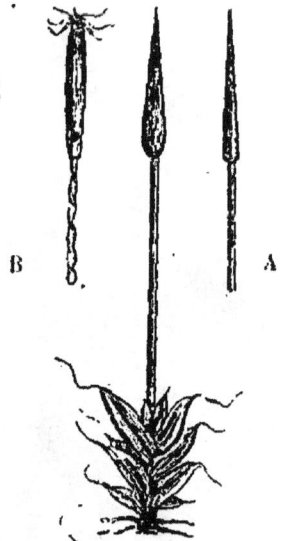

Fig. 145. — *Hypnum* × 15,
avec archégone simple A et
archégone spiral B.

les sporanges s'ouvrent par un nombre défini de valves
égales aux élatères ; 4° les *Équisétacées* ; les sporanges sont peltés et s'ouvrent d'un seul côté avec une
élatère pour chaque spore.

Les phénomènes que présentent les *Marchantiées* ne
sont devenus classiques, dans la physiologie botanique,
que depuis les célèbres études de Mirbel sur leur germination et leur fructification ; ces plantes présentent
un intérêt particulier par leur disparité de développement avec les autres mousses. Dans les expansions foliacées du *Marchantia polymorpha*, sous de petites
écailles membraneuses, rougeâtres, minces, il y a un
mamelon vert, charnu, déprimé. Quand il grossit, il
pousse des écailles en calice ; à ce moment, il n'est

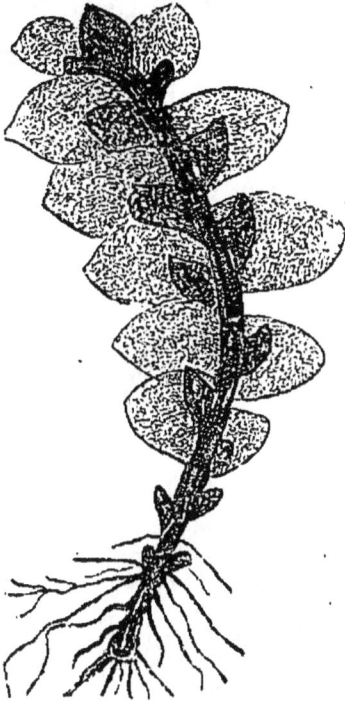

Fig. 146. — Hépatique : *Scapiana nemorosa* × 20.

Fig. 147. — Hépatique : *Frullania dilatata* × 20.

Fig. 148 — Hépatique: *Hypnum abietinum* × 20.

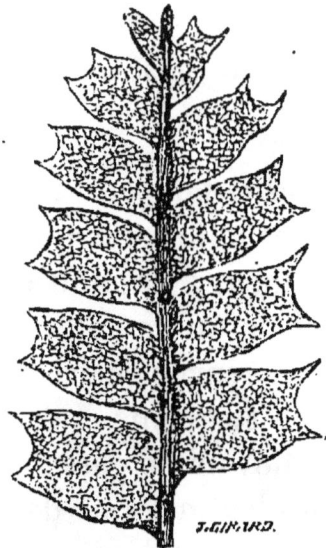

Fig. 149. — Hépatique : *Lophocolæa bidentata* × 20.

encore formé que d'un tissu cellulaire, et cette couche adhère de toutes parts au tissu sous-jacent ; la nervure s'élargit en boule concave découpée en lobes épais et cylindriques. Là naissent des anthéridies logées dans une cavité ressemblant à une cornue à bec droit, dont la partie inférieure est dilatée. Les élathères du *Mar-*

Fig. 150 — *Sphagnum obtusifolia* × 8.

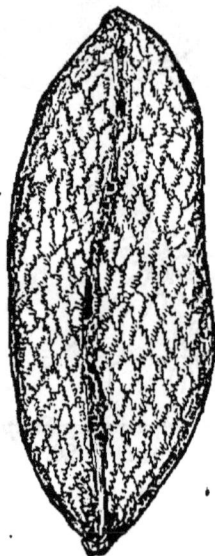

Fig. 151. — Feuille de *Sphagnum squarrosum* × 50.

chantia ne sont autre chose que des trachées ; les spores allongées qu'elles lancent sont des séminules destinées à la multiplication. Le *Lunularia vulgaris* Nich. a un genre de développement analogue.

On rencontre fréquemment sur le bord des fossés d'eau stagnante et dans les marais de petites mousses à moitié immergées, portant comme fruits de petites capsules en forme de coupes ; ce sont les *Sphagnums.* Elles habitent en quantité la terre spongieuse des tourbières de la vallée de la Somme. Certains géologues prétendent même que leur décomposition constante pendant des siècles successifs a fini par produire ces couches de tourbe que l'on extrait comme combustible, sur des épaisseurs variables de $0^m,50$ à 3 mètres et même plus. Les *Spagnums* sont localisés dans les régions tempérées : la chaleur les anéantirait. Ils seraient incapables de réunir leurs feuilles, comme les tabacs algériens, afin de se garantir des effets brûlants du sirocco. Comme les mousses, ils ont une tige fibreuse, sur laquelle naissent des folioles concaves. Celles-ci

Fig. 152. — Structure de la feuille du *Sphagnum obtusifolia* × 250.

sont assez singulièrement constituées pour fournir un sujet intéressant d'examen microscopique ; leur contexture consiste en fibres striées, enveloppant la cellule membraneuse, qui semble très-transparente (fig. 152). Chaque intervalle est lui-même rempli par des ligaments rattachant les fibres principales entre elles. On a cultivé les *Sphagnums* spéciale-ment dans le but de former un sol avantageux aux plantes monocotylédonées épiphytes ; par leur excrétion ils modifient le sol à la façon des bruyères.

Les différentes espèces de mousses nous ont insensiblement amené des bois dans les marais ; rentrons sous la feuillée pour examiner une plante non moins attrayante dans les études micrographiques : la fougère. S'il est, parmi les diverses figures du riche monde végétal, un type merveilleux entre tous, à la fois gracieux et fier, svelte et majestueux, c'est à coup sûr dans la

grande et originale famille des fougères qu'il faut le chercher. Rien de plus aérien que le feuillage de la plupart d'entre elles, que ces *frondes* ailées, dentelées, sortes de plumes végétales dont les ondulations molles, dans l'air tiède et sous le ciel bleu, font rêver à des arbustes fantastiques. Mais leur histoire ne se borne pas à la description pure et simple de leur beauté. Il en est une autre plus intime, et assez curieuse, relative à leur mode de fructification.

Les fougères (*filices*) sont des plantes vivaces de taille très-variée; dans les forêts de la zone tempérée, elles sont réduites à de modestes proportions, mais dans celles des pays intertropicaux elles deviennent arborescentes, atteignent la hauteur et le port même du palmier. La tige, qui possède en terre une racine horizontale, produit des feuilles espacées et épanouies, nommées *frondes*, ayant le caractère plutôt de rameaux qui portent des feuilles, que de feuilles en réalité. Leurs nervures ont un système spécial de division, étant tantôt simples, tantôt bifurquées.

Le point intéressant pour le micrographe réside dans l'examen des corps qui se trouvent à la face inférieure des frondes; ces petites taches jaunes ou orangées ont un grand intérêt, parce qu'elles sont les organes de la fructification; ce sont de petites capsules contenant des sémi-nules propres à la reproduction. Elles affectent des formes diverses : lisses, réticulées, tuberculeuses, tétraédriques, uniformes; elles ont une membrane très-délicate, ordinairement brunâtre, qui se déchire au moment de la germination. Leur mode de répartition sous les frondes est extrêmement varié, quoiqu'il conserve toujours certains caractères géométriques. Quelquefois

les séminules sont disposées par groupes, comme de
petites mouchetures latérales, ou bien elles constituent
une garniture contournant les rives. La figure 153
donne une idée de cette merveilleuse variété.

Il ne suffit pas de constater leur présence, il faut pénétrer plus intimement dans leur organisation, au moyen
d'un grossissement progressif, tâtonné avec le micro-

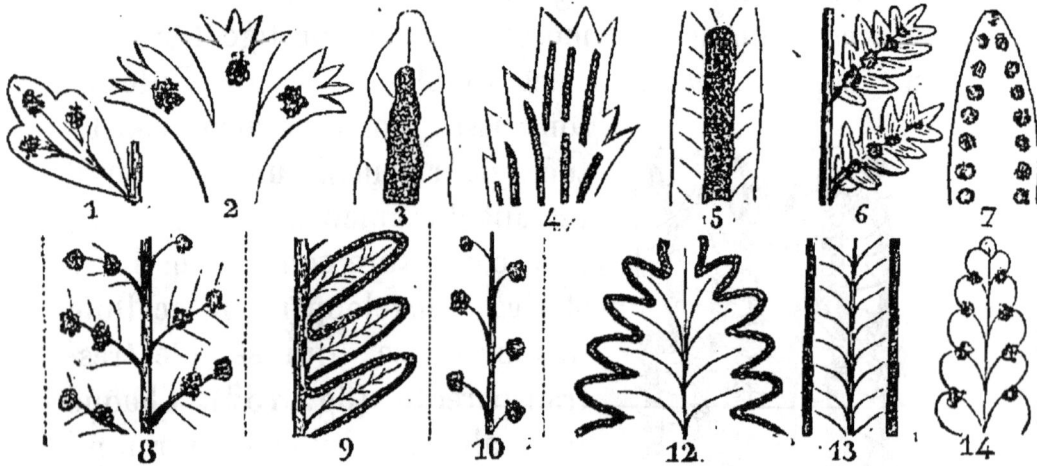

Fig. 153. — Différents exemples de répartition des sores sur les frondes des
Fougères. — 1. *Adiantum cuneatum*. 2. *Asplenium nigrum*. 3. *Doodia
lumulata*. 4. *Asplenium nitidum*. 5. *Blechnum occidentale*. 6. *Hymeno-
phyllum Andrewsii*. 7. *Notoclæna Hookerrii*. 8. *Coniphlebium aureum*.
9. *Polypodium drypteris*. 10. *Aspidum trifoliatum*. 11. *Aleuryopteris
meycana*. 12. *Pteris palmata*. 13. *Microlepsis majuscula*.

scope. On verra que ces capsules, ces *sores*, sont tantôt
à découvert, comme dans les exemples précédents,
tantôt abritées par un tégument membraneux, nommé
indusie, sous lequel adhèrent les capsules. En faisant
une coupe, on reconnaîtra que ce tégument les cache,
jusqu'à ce qu'il soit temps de les laisser tomber, quand
vient le moment de la maturité. A cette époque, il
s'ouvrira par le bord extérieur opposé à la fossette
centrale ; on voit alors une multitude de petites ra-

quettes, fixées sur une masse cellulaire centrale par une tige qui représenterait le manche (fig. 154). Alors cette membrane, dont le rôle protecteur est achevé avec la maturation des capsules, se distend, se dessèche et laisse échapper la graine. Envisagée séparément, la capsule renferme des granules disposés par ordre, dans une masse lenticulaire retenue par cet appendice funiculaire, très-résistant.

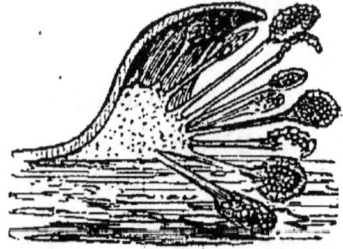

Fig. 154. — Coupe d'une indusie de Fougère (*Polypodium aureum*) × 80.

Les fougères sont placées parmi les cryptogames, parce que l'existence d'organes de fécondation a été longtemps problématique. Hedwig attribue ce pouvoir à des poils vésiculaires, qui existent le long des nervures et à la face inférieure des frondes ; suivant Presl,

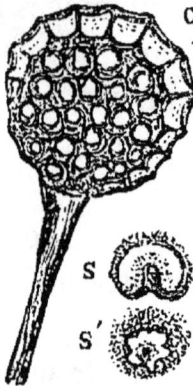

Fig. 155. — C. Capsule de fougère (*Polypodium aureum*) × 200. Elle est formée d'un anneau à parois membraneuses et cellulaires, renfermant les séminules ; l'ensemble est porté sur un pédicelle. S. Indusie normale. S'. Indusie déchirée à l'époque de la maturité.

Fig. 156. — Capsule de *Polytrichum vanum* × 20.

les organes mâles seraient de petites formations cellulaires, ordinairement jaunâtres, mêlées aux capsules dans les sores, ne faisant leur apparition que lorsqu'elles sont jeunes ; plus tard, elles se flétriraient.

Certaines fougères ont des anthéridies avec anthérozoïdes comme les mousses : Nægeli (1844) en fut le
premier observateur. Les travaux de Hofmeister sur la
fécondation par les anthérozoïdes ont démontré que
l'anthéridie est composée de très-petites cellules, renfermant chacune un anthérozoïde, mis en liberté par
leur rupture à un moment donné ; lorsque l'eau vient
humecter l'anthéridie, ces petits rubans spiraux sont
animés d'un mouvement rotatoire, pendant lequel aurait lieu la fécondation. Ainsi les observations confirment que le mode de reproduction des fougères a de
nombreux points de rapprochement avec celui des
mousses.

Ne craignez pas de marier l'austérité de la science à
la coquetterie et à la grâce des habitants du monde des
bois ; elle vous montrera que la beauté n'existe pas seulement dans ce qui frappe les yeux ; que ces magnifiques
décors de futaies, de taillis verdoyants abritent des
sujets dont la vie est un motif d'étonnement pour celui
qui a le privilége d'en pénétrer les secrets jusque dans
ses derniers replis. C'est par voie de contraste que la
nature nous ménage des surprises et nous porte à la
méditation. Dans vos promenades sylvestres, n'oubliez
pas le microscope ; c'est un compagnon toujours prêt à
instruire celui qui l'interroge sur le monde de la végétation inférieure ; il vous révélera une abondance, une
richesse de détails sous laquelle l'imagination succombe.

DEUXIÈME PARTIE

LES VÉGÉTAUX MICROSCOPIQUES

I

LE MONDE DES CHAMPIGNONS

La germination. — Champignons infiniment petits et infiniment grands.
— Leur nature et les lieux qu'ils habitent. — Champignons multiples. — Les uns sont vénéneux, d'autres comestibles délicats. — Les
champignons microscopiques. — Les moisissures. — La plupart des
fungoïdes ne sont qu'un simple globule. — Méthode d'examen. —
Cause de détérioration par les moisissures. — Énergie de la multiplication. — Différentes phases de la vie d'un globule. — Les lichens.
— Description et habitat. — Usages industriels.

La vaste classe des champignons présente dans son
infinie variété des sujets dignes d'attention, quoiqu'ils
soient placés par leur simplicité élémentaire dans les
derniers rangs de l'échelle végétale. On est amené à
considérer ces étonnantes productions comme des plantes qui ne parviendraient pas à un état de développement parfait, car elles consistent, pour un grand nom-

bre, en un simple conglomérat végétant. Le premier
état du champignon a reçu le nom de *blanc de champignon*, et l'on s'en sert pour produire artificiellement
les champignons comestibles. Dans les premiers jours
de leur naissance, ils ont une chair ferme et cassante ;
mais en vieillissant la plupart s'amollissent progressi-
vement et finissent par se dissoudre en une liqueur fétide. Les plus grands ont jusqu'à 0ᵐ,30 de hauteur, les
plus petits sont invisibles à l'œil nu.

On a trouvé en 1858, dans le tunnel de Duncaster
(Angleterre), un champignon qui se développait depuis
un an, sans paraître avoir atteint sa dernière phase de
croissance. Il mesurait 5 mètres de diamètre ; il avait
pris naissance sur une pièce de bois. D'autres, au contraire, sont à peine visibles sous les plus forts grossissements du microscope ; et certainement cette catégorie
est la plus nombreuse. Les fungoïdes (*fungus*, *champignon ;* εἶδος, *semblable*) sont une des preuves les plus
convaincantes de l'inépuisable activité de la végétation.
Leur quantité dépasse tout ce que l'imagination peut
concevoir, et leur multiplication prend des proportions
effrayantes, lorsqu'ils sont dans un milieu propre à leur
développement. Ils vivent dans les lieux humides, dans
l'eau même, et se nourrissent de substances organiques, au détriment desquelles ils s'assimilent certains
principes. Ils se plaisent dans les endroits sombres et
humides. Ils viennent de préférence à l'ombre des arbres ; ils passent généralement leur existence éphémère
dans les endroits cachés, les creux des arbres, sous les
herbes, sous les pierres, dans les caves et autres lieux
peu fréquentés. Les époques où ils abondent le plus
sont le printemps et l'automne, parce que dans ces deux

saisons une humidité constante se joint à une chaleur
modérée, qui, formant ainsi une atmosphère molle et
tiède, offre des conditions favorables à leur développement.

Parmi les champignons qui naissent sur les plantes,
quelques-uns viennent de préférence sur l'écorce des
arbres; ils y adhèrent par des fibres profondes ayant
tendance à introduire dans le bois le germe de la décomposition; lorsqu'ils sont en très-grand nombre, ils
en occasionnent la mort.

Il y a des champignons d'été, d'hiver, de printemps et
d'automne. Celui qui prendra
naissance dans la mousse ne
viendra pas sur les feuilles des
plantes aériennes. Telle espèce
croît sur le tronc d'un arbre,
telle autre ne pourra y vivre. Les
uns vivent solitairement, tandis
que les autres se plaisent à se ras-
sembler en grand nombre , et
alors ils se réunissent tantôt en
groupes, tantôt en lignes. Chaque espèce a, pour ainsi dire, sa
manière d'être, ses mœurs, ses

Fig. 157. — Conferves unicellulaires enchaînées sur une
fibre commune.

habitudes; aussi ce sont là, aux yeux du botaniste, des
caractères importants pour l'aider dans la recherche
des différents genres.

La culture des champignons est un commerce étendu
à Paris; on voit chez les marchands de comestibles des
champignons très-volumineux dont la chair est délicate
et inoffensive. Voici comment on peut les obtenir : On
prend, avec un pinceau humide, les sporules du cham-

pignon ordinaire, et on les étend sur une lame de verre mouillée, qui peut être placée comme le porte-objet sous le microscope, de telle sorte qu'on a toute facilité d'observer les modifications que subissent les sporules pendant leur germination. Ces petits corpuscules se développent en produisant un *mycélium*, qui n'est

Fig. 158. — 'Sporules en chapelet × 300.

autre que du *blanc de champignon* en préparation, matière facilement transportable et contenant sous la forme de filaments blanchâtres les éléments d'un champignon. Lorsque ces sporules présentent les conditions convenables, on les place dans le terreau. Là le développement continue, et, après avoir choisi le blanc le plus beau, on le pose sur le sol d'une cave, et on le recouvre d'une couche de sable de 0^m,25 d'épaisseur, sur laquelle on place une autre couche de plâtre de démolition de 0^m,15. On arrose le tout avec de l'eau renfermant en dissolution quelques grammes d'azotate de potasse. Au bout de cinq ou six jours, il pousse des champignons très-volumineux groupés ensemble, d'une excellente qualité, d'un arome exquis, ne laissant rien à désirer au goût le plus difficile.

Les champignons ainsi obtenus par la culture sont comestibles, mais beaucoup sont vénéneux parmi ceux qui croissent spontanément. On reconnaît généralement les premiers au parfum agréable, à la chair tendre et fragile ; cependant il ne faut pas toujours se fier à ces caractères généraux. Les vénéneux se dénoncent eux-mêmes par une odeur désagréable, une chair molle, spongieuse et parfois gluante, devenant rouges, bruns,

ou noirs lorsqu'on les entame ; on les trouve généralement dans les endroits humides et cachés ou dans les
accumulations végétales en décomposition. Une remarque importante à faire, c'est que les bons se dessèchent
en vieillissant, tandis. que les vénéneux se fondent en
une eau fétide. Les mauvais donnent lieu à des fai-
blesses, des défaillances, des nausées, et provoquent
un état d'anéantissement excessif ; on sent une impression de brûlure à la gorge et souvent, trop souvent par
malheur, des convulsions affreuses conduisent à la
mort. Dernièrement M. F. Gérard prouva au Comité de
salubrité publique qu'on pouvait rendre inoffensifs
tous les champignons vénéneux en les faisant mariner
dans du vinaigre. Selon ses expériences, pour un poids
de 500 grammes de champignons coupés en morceaux,
il faut un litre d'eau acidulée par deux ou trois cuillerées de vinaigre ou deux cuillerées de sel gris. On les
laisse macérer pendant deux heures entières, puis on
les lave à grande eau ; bouillis ensuite à l'eau pure, re-
lavés et essuyés, ils peuvent être apprêtés comme tout
autre aliment. Néanmoins il est prudent de n'essayer
qu'avec beaucoup de circonspection ceux sur le compte
desquels on n'est pas parfaitement fixé.

Ces gros champignons rentrent peu dans le domaine
de la micrographie ; car, si on les examine, on n'y voit
qu'une masse de cellules remplies de liquide, n'ayant
aucun de ces caractères si intéressants que nous avons
étudiés dans les phanérogames ; ils n'offrent pas un
sujet de recherches suivies dans leurs organes de reproduction, comme les mousses et les fougères ; ils n'ont
rien de perceptible ni d'attrayant dans leurs séminules
ou les filaments du mycélium ; corps d'une organisa-

tion tellement simple que toutes leurs parties sont
identiques, ils n'exciteront pas la curiosité du cher-
cheur autant que les champignons infiniment petits, les
fungoïdes visibles seulement sous le microscope. Les
formes sous lesquelles ces plantes se présenteront le
plus ordinairement sont globulaires, allongées, fila-
menteuses, gélatineuses, soyeuses, lichénoïdes. Chez
un grand nombre, la structure change pendant le développement : elles passent par des états successifs selon
chaque période et offrent des différences telles, qu'on
peut se méprendre et accepter un sujet parfait pour celui
qui n'est arrivé qu'à une certaine période de croissance.
Ainsi, sur un tubercule voisin de la décomposition, nous
avons observé une vingtaine de sortes de fongosités, et
il était impossible de discerner si les unes étaient des
sujets arrivés à maturité, ou si les autres constituaient
des fungoïdes complets.

Chez les champignons d'une certaine dimension, on
discerne des organes reproducteurs indéfinis, le mycélium pour certains, ou des sporules dans de petites cavités ou conceptacles, comme ceux qui sont dans la
masse charnue de la truffe ; mais les fungoïdes semblent
se propager d'eux-mêmes directement : il est assez difficile de découvrir s'il y a des corpuscules reproducteurs
chez ceux qui n'ont qu'une seule cellule.

Les *mucors* ou *moisissures* qui couvrent de leurs
filaments entre-croisés les matières végétales en décomposition, les matières vertes qui existent dans les
parties humides des murs et à la surface des débris
organiques, etc., sont des agglomérations de petites
vésicules unicellulées, isolées ou groupées; pour s'en
convaincre, il n'y a qu'à racler avec le porte-objet en

verre du microscope quelques parties vertes et l'on verra
de suite les petits globules.

Suivant le choix plus ou moins heureux que l'on aura
fait, on pourra se convaincre que la diversité des formes
n'est pas moindre chez les cryptogames microscopiques
que chez ceux de grande taille. Ainsi la simple classe
des *Aspergillus* renferme des espèces nombreuses ; un
groupe d'aspergillus se compose de filaments, ou fibres
capillaires, agglomérés régulièrement, dont l'aspect
rappelle assez celui d'un champ de roseaux. A l'époque
de la fructification, chaque petite tige se couvre d'un
capitule floconneux, qui se hérisse et se transforme en
une multitude de sporules reproductrices, tellement
nombreuses qu'on peut les supputer par centaines de
mille. Le *Stilbum tomentosum* est une sorte de moisissure, ayant l'apparence d'une petite boule à peine adhé-
rente par un point au sol et de laquelle sort un filament, venant lancer des sporules au moment de la
maturité. L'*Arcyria punicea* a la forme d'œufs montés
sur un pédicelle ; ils se rompent à un moment donné
pour émettre la poussière reproductrice.

Les fungoïdes globulaires qu'on rencontre en si
grande quantité dans tous les lieux humides, ont reçu
beaucoup de noms, variables suivant les observateurs,
qui, ne voyant dans ces petites sphères aucun caractère
particulier, n'ont pu les distinguer les uns des autres.
Ils ont été successivement appelés : *Byssus botryoides*
Turpin, *Oscillaria parietina* Turp., Vauch., *Oscillaria
muralis*, Agardh, *Vaucheria muralis* Bory. Ils appartiennent tous à cette catégorie de fungoïdes exempts de
mycélium, ayant certains points de ressemblance avec
la chlorophylle des végétaux phanérogames. Turpin ne

les regardait pas comme une production spontanée, assertion que l'on était porté à admettre à cette époque, car il avait déjà remarqué que ces globules (*globulina*) lançaient au dehors une vésicule pollinique, qu'il nomme : *aura seminalis*.

Pour peu que l'on ait examiné les moisissures, on sera convaincu que le microscope a ouvert aux yeux émerveillés de l'observateur un monde végétal nouveau dont il ne soupçonnait pas l'immense étendue. Ces mucosités qui tapissent les objets déposés dans les endroits humides méritent plus d'attention que ne leur en accorde généralement le spectateur profane non initié aux révélations inattendues du microscope. Mettez dans une cave ou dans un local affectionné par les moisissures la lamelle porte-objet, de sorte qu'elle en soit entourée ; au bout de peu de temps, quelque sporule y aura été déposée, un sujet sera né et trahira sa présence par un petit flocon imperceptible ; c'est le moment convenable pour en faire l'examen : il n'est pas détérioré par la préparation qu'on aura voulu lui donner, il est naturel, rien n'a été déformé, tous ses organes sont intacts et parfaitement distincts, il suffit de le mettre sur la platine de l'instrument. En le laissant pousser ainsi, on aura évité toute cause d'altération ; faisant alors l'observation, on verra une forêt en miniature, dont les proportions deviendront rapidement assez fortes pour couvrir toute la surface du porte-objet.

Ce qui fait la joie du naturaliste fait la désolation de ceux qui ne voient dans les moisissures qu'une malpropreté. On sait en effet combien ces champs de mousse couvrant les murs de leurs taches noirâtres ou vertes

et les végétations diverses qui répandent l'odeur particulière du « moisi,», produisent de dégâts fâcheux et
difficiles à combattre. Dans les locaux situés au rez-de-
chaussée, ils pénètrent dans les armoires, où ils amènent la décomposition rapide des provisions, du linge,
des papiers et autres objets.

Leur action putréfiante provient de ce qu'ils inter-
ceptent l'air en engendrant l'humidité, et de ce que la
plupart, enfonçant des fibres profondes, tendent à introduire d'autres germes dans les interstices où ils se sont
propagés. Les fungoïdes contiennent beaucoup d'humidité ; un liquide incolore, résultat d'une élaboration
spéciale, contenu dans leurs petits granules, se répand
sur les corps auxquels ils adhèrent, et joint son action
décomposante aux causes précédentes. L'odeur *sui
generis* provoquée par les moisissures, quand elles sont
abondantes, résulte de cette élaboration.

Malgré les savantes théories sur l'énergique vitalité
des végétaux microscopiques, on n'est pas arrivé à
donner des explications suffisantes sur la faculté productrice qui la détermine. Dans cette classe, la reproduction est de la plus grande simplicité, puisqu'une
cellule émet des sporules ou cellules plus petites, qui
jouissent de la faculté de se multiplier dans un espace
de temps relativement très-court. Cette multiplication
est tellement rapide et abondante, que les fungoïdes
se reproduisent souvent en dépit d'obstacles insurmon-
tables qui détruiraient les plantes de grandes dimensions. Quelle n'est pas l'intensité de la vie des spores
de l'*Hæmatococcus sanguineus*, qui couvrent les cimes
neigeuses des montagnes sur plusieurs kilomètres
carrés !

L'air est le véhicule disséminateur des germes embryonnaires; il en transporte des quantités énormes,
dont la majeure partie est perdue, faute de tomber dans
un endroit réunissant toutes les conditions nécessaires
à son existence. Il suffit d'un simple grain de poussière
fécondante de quelques centièmes de millimètre de diamètre pour couvrir de moisissures de grandes surfaces
en très-peu de temps.

· Ces atomes de végétaux ont cependant une vie propre,
aussi complète que celle des phanérogames; ils germent, vivent, se reproduisent et meurent. Les patientes
investigations microscopiques ont prouvé que ces ma-

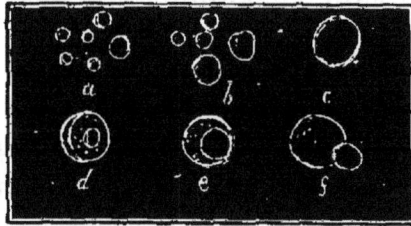

Fig. 159. — États successifs de la germination des sporules.

tières germinatives passent par différents états successifs. Ainsi dans la figure 159 nous voyons en *a* des
corpuscules, qui s'entourent bientôt d'un certain mucilage par effet d'élaboration végétale *b*. Pendant cette
période, ils se développent à l'état parfait *c*; au bout de
quelque temps, il apparaît dans chaque corpuscule un
autre petit atome *d*, qui se nourrit au détriment de la
cellule-mère, comme cela se passe dans l'œuf chez les
animaux; en *e*, il devient beaucoup plus prononcé et
finit par se détacher en *f*. Un globule de quelques centièmes de fraction de millimètre de diamètre, accomplit

ainsi toute une existence rudimentaire et a donné naissance à plusieurs autres. La multiplication chez ces
végétaux suit une proportion géométrique.

Quoique les champignons microscopiques soient en
général d'une extrême simplicité, ils revêtent exceptionnellement des formes plus compliquées. On remarque fréquemment de larges plaques crustacées grises,
jaunes ou brunes, incrustées sur les rochers, les vieux
murs, l'écorce des arbres. Ce sont là de véritables végétaux d'une organisation particulière. Le nom de lichens,
qu'on lui a donné, vient du grec, *lichen*, dartre; il
exprime bien l'apparence de la plupart d'entre eux; les
uns végètent sur le sol et ont de nombreuses ramifications; d'autres sont suspendus aux branches des arbres
sous forme de longs filaments; quelques *lichens* ressemblent à une poussière grise et verdâtre, ou plutôt tous
se présentent sous cet aspect dans les premiers temps
de leur développement. Cet état rudimentaire leur a
valu le nom de lèpre ou de *lepralia*; on l'observe fréquemment sur les statues ou les marbres.

Arrivés à leur état parfait, les lichens ne se composent que d'un tissu cellulaire, mais leur aspect n'en est
pas moins variable. On en distingue deux sortes principales : les crustacés et les foliacés. Ces derniers sont
plus compliqués que les autres. Ils se composent de
frondes ou espèces de feuilles imbriquées, se recouvrant
comme les tuiles d'un toit et dont l'ensemble ne manque pas d'une certaine élégance. Cette fronde, constituant elle-même les organes de la nutrition, porte aussi
ceux qui servent à la reproduction; ils sont de deux
sortes : les uns bombés, les autres en godets; on a
donné aux premiers le nom de *tubercules* et aux seconds

celui de *scutelles* (*scutellum*). Ils comprennent deux
parties : l'une extérieure plus ou moins fermée ou évasée ;
l'autre intérieure, renfermant les sporules. On y trouve
encore quelquefois de petits amas de matière pulvérulente, auxquels on a donné le nom de *sorédies*.

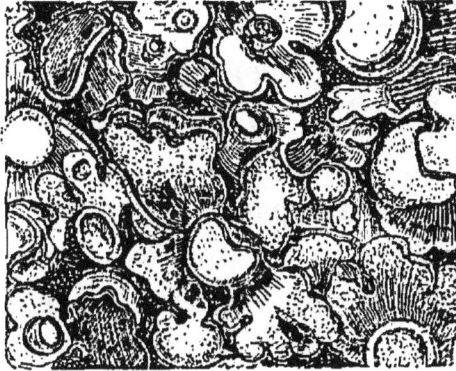

Fig. 160. — Lichen foliacé × 10. Thalle avec petites coupes.

Bien qu'on rencontre souvent des lichens sur les
végétaux vivants, on ne doit pourtant pas les considérer
comme de vrais parasites. Simplement posés à la sur-

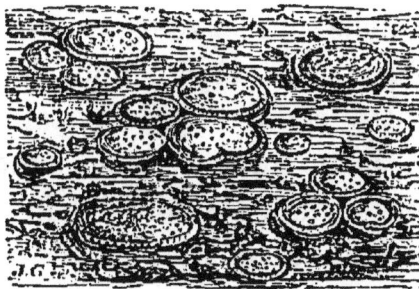

Fig. 161. — Lichen crustacé × 10. Thalle formant des croûtes indépendantes.

face des corps où ils cherchent un appui, sans y adhérer
ni enfoncer leurs suçoirs, ils ne vivent pas à leurs
dépens, mais entretiennent une humidité préjudiciable

aux corps où ils adhèrent. Dès que celle-ci vient à leur manquer, leur végétation s'arrête, pour reprendre et continuer lorsque les circonstances deviennent plus favorables. On cite l'exemple de lichens parfaitement secs et conservés en herbier depuis un an, qui se sont remis à végéter dès qu'ils ont été soumis de nouveau à l'action de l'humidité. Toutefois l'air, la chaleur, la lumière leur sont indispensables ; ils ne se développent pas dans l'obscurité complète, comme cela a lieu pour certains champignons.

Les lichens sont répandus dans toutes les régions du globe et les climats les plus extrèmes ne sont pas un obstacle à leur croissance. Dans les régions polaires, ils constituent en quelque sorte le fond de la végétation ; sur les hautes montagnes, au voisinage des neiges perpétuelles, ils représentent le dernier terme de la vie organique, et forment par l'abondance de quelques-unes de leurs espèces une région botanique propre. Cette circonstance a fait penser que ces cryptogames étaient plus nombreux en espèces aux pôles qu'à l'équateur ; il n'en est rien, mais sous les zones tropicales ils sont moins remarqués par l'observateur, dont l'attention se porte naturellement sur une riche végétation arborescente.

La forme, la texture, la consistance de ces cryptogames varient suivant les climats. Les espèces foliacées se trouvent surtout dans les pays chauds et tempérés ; au contraire à mesure qu'on s'approche des pôles ou du sommet des montagnes, on remarque la prédominance des espèces crustacées. Si quelques lichens ont une aire circonscrite, une véritable patrie, d'autres sont essentiellement cosmopolites et se rencontrent indifféremment du pôle à l'équateur.

Les lichens reçoivent plusieurs applications importantes. Leurs propriétés nutritives sont misés à contribution dans les régions glacées du Nord, pour devenir la base de l'alimentation des classes pauvres. Le lichen d'Islande est lavé, séché au four et mélangé au pain. Olafson regarde sa valeur nutritive commè deux fois plus forte que celle du blé ; il a néanmoins une saveur amère très-prononcée. Le genre *Lobaria* renferme plusieurs espèces alimentaires, dont la principale est la pulmonaire du chêne, nommée *thé des Vosges*. En Tartarie, le *Lecanora esculenta* est un aliment assez répandu ; son développement est si rapide qu'on le regarde comme une manne tombée du ciel. Le genre *Cladonia* forme en Laponie l'unique nourriture des rennes, qui pendant l'hiver sont obligés de le chercher sous la neige. Les propriétés médicinales, contenues dans le principe mucilagineux des lichens, existent à peu près dans toutes les espèces foliacées, dont la composition présente une telle analogie, qu'on peut presque les employer l'une pour l'autre. Celui qui vient d'Islande est le plus recherché dans la pharmacie, où il est employé comme sudorifique. Le *Lichen des rennes* sert dans la parfumerie pour faire des sachets odoriférants. Mais c'est surtout pour la teinture qu'on en tire un bon parti ; il produit les matières colorantes connues sous le nom d'*orseille*, de *tournesol en pain*. L'orseille est fournie par plusieurs genres de *Rocella* des Açores; celle de Madagascar (*Rocella montagnei*) est une des plus estimées.

II

LES CAUSES DES MALADIES DES PLANTES

Les infiniment petits sont infiniment répandus dans la nature. — Le charbon, la carie, la rouille des céréales. — Proportions incommensurables. — La rouille provient de l'Épine-vinette. — Faits à l'appui et expériences. — Les parasites vénéneux et inoffensifs. — Maladie des pommes de terre. — Ses causes. — L'oïdium de la vigne : description. — Opinions diverses sur son origine. — Déduction logique de la micrographie. — Parasites sur les animaux. — Un champignon dans l'oreille d'un homme.

Les végétaux microscopiques sont répandus avec une abondance telle dans la nature, qu'ils sont capables d'exercer la plus grande influence sur les végétaux de grande taille ; invisibles sans le secours du microscope, ils occasionnent des effets qui s'étendent à des régions tout entières. La vie végétale semble même avoir une action bien plus énergique dans le domaine de l'infiniment petit. Les cryptogames imperceptibles s'attaquent aux plantes utiles à l'alimentation, détruisent les récoltes, s'introduisent même au sein de l'économie animale, et y produisent d'affreux ravages. L'ennemi n'en est pas moins à craindre, parce qu'il échappe à la vue. Nous voyons à chaque instant de grands effets déterminés

par de petites causes, dont il nous faut chercher l'origine le microscope à la main.

On sait que les plantes céréales, le froment surtout,
sont sujettes à plusieurs maladies, au premier rang desquelles on place la *carie*, le *charbon* et la *rouille*. La
carie n'affecte jamais que l'ovaire des graminées. A
l'époque de la floraison, les épis attaqués se distinguent

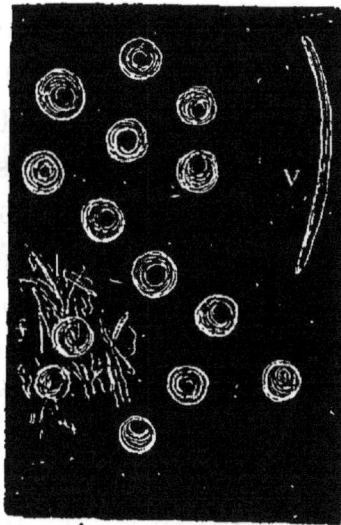

Fig. 162. — Spores de la maladie du blé (*Tilletia caries*, Tul.) × 500. *f*. Filaments de mycélium enveloppant les spores. *v*. Vaisseau de mycélium
grossi plus fortement.

par une couleur verte; les grains, d'abord plus gros,
deviennent ensuite plus petits; ils sont ridés, marqués
de deux ou trois sillons, et leur couleur est d'un gris
tirant sur le brun. Quand on les brise, on les trouve
remplis d'une poussière noire, exhalant une odeur rappelant le poisson en décomposition. Soumise au microscope, cette matière pulvérulente ressemble à de
petits globules; ce sont autant de champignons microscopiques, qui se sont logés dans l'ovaire et y ont végété

aux dépens de la plante, en puisant tous les sucs que celle-ci élaborait pour son propre compte.

La rouille donne d'abord une teinte jaunâtre à la partie du sujet qui en est affectée ; puis l'épiderme se fend longitudinalement, et il sort une poussière jaune orangé dont les doigts sont vivement colorés. La rouille se manifeste principalement aux époques où les blés sont dans leur plus grande force de végétation.

Le charbon attaque concurremment le blé, l'orge et l'avoine. Dès que les épis sont sortis, les grains sont noirs, rapprochés, et au moindre contact ils se réduisent en une substance pulvérulente. Il suffit de passer la main sur un épi pour la retirer aussi noire que si on l'avait mise dans du charbon ; de là le nom. Ce sont encore de petits cryptogames sphériques qui émettent un mycélium. Le grain est de suite épuisé, anéanti par cette invasion ; il devient noir ; l'intérieur ne renferme plus de gluten : le fungoïde s'en est nourri étant parvenu à maturité en même temps que le grain. Si quelque heureuse circonstance accidentelle ne le fait pas périr, il étendra ses dommages avec plus de vigueur l'année qui suivra.

Ainsi un petit cryptogame ayant à peine $\frac{1}{100}$ de millimètre, se répand tellement dans les céréales, qu'un champ qui en est infesté paraît tout noir quand on l'examine d'un sommet voisin. Combien donc y a-t-il de ces corpuscules dans un hectare ? L'imagination se refuse à toute évaluation, quand on sait que dans un seul épi il existe plusieurs centaines de mille de ces champignons : *Ustilago segetum, Carbo maydis, Teredo linearis, Rubigo, Puccinia graminis.*

Comment se produisent et se développent ces cryptogames ? On ignore les moyens de propagation, mais il y a tout lieu de supposer que les germes ont été apportés par l'air ou avec les graines semées. Cependant la cause originelle de la rouille a été étudiée, et il a été démontré que la croyance populaire, considérée comme un préjugé, était assez exacte ; depuis un temps immémorial, les cultivateurs prétendaient que la rouille des céréales était due au voisinage d'un arbuste connu de tout le monde, l'épine-vinette. En 1869, M. de Taste observa, dans la commune de Chambray, que, dans les champs atteints de cette maladie pendant plusieurs années consécutives, les propriétaires se mirent un jour à détruire les épines-vinettes dont leur propriété était en partie entourée. Depuis cette époque, trois récoltes se firent successivement dans les conditions normales. La Compagnie du chemin de fer de Lyon avait planté une haie d'épine-vinette pour servir de clôture à la voie ferrée, sur le territoire de la commune de Genlis (Côte-d'Or), dans une longueur de plusieurs kilomètres. Depuis cette plantation les champs du voisinage, ensemencés en céréales, ont été attaqués par la rouille avec intensité. La Compagnie a fait une enquête de laquelle il résulta que partout où il y avait de l'épine-vinette, les céréales ont été attaquées, et que là où il n'y en avait jamais eu, elles étaient en bon état. Enfin il a suffi, pour faire apparaître cette maladie dans un champ où elle ne s'était jamais manifestée, d'y planter un seul brin d'épine-vinette. Ceci du reste avait été attesté déjà par M. Brongniart, qui avait reconnu l'*Æcidium Berberidis*.

La rouille se présente sous deux états, car, selon M. Tulasne, certains Fungoïdes ont deux modes de fructification. Œrstedt, de Copenhague, a observé que les spores du *Podisoma juniperi*, qui se développent sur le *Juniperus Sabina*, donnent lieu en tombant sur le poirier à un champignon, l'*Æcidium cancellatum*, qui à son tour reproduit sur le *Sabiana* le *Podisoma juniperi*. L'expérience, reprise par M. Decaisne au Jardin des Plantes, sur des pieds de *Sabiana* attaqués du *Podisoma*, près des plantations de poiriers, a donné la certitude que ces arbres, qui n'avaient jamais été atteints de l'*Æcidium cancellatum*, en ont été envahis l'année suivante, et que la maladie a disparu dès que les pieds de *Sabina* ont été enlevés.

Ces fungoïdes mélangés avec le blé, employé plus tard dans l'alimentation, ne sont pas nuisibles, pour la majeure partie. Une quantité notable est enlevée par les préparations et le nettoyage préalables. Il paraît à peu près démontré que la rouille et le charbon ne possèdent pas de propriétés malfaisantes pour l'homme. Ainsi Imhoff et Cordier ont pu prendre, sans en être incommodés, tous les jours et pendant une semaine, $1^{\text{gr}}, 25$ d'*Ustilago maydis*, et le dernier 2 grammes d'*Ustilago segetum*. Les animaux auxquels on a fait prendre ces divers champignons, n'ont jamais ressenti aucun inconvénient. Il est aussi certain que les batteurs en grange n'éprouvent qu'une toux peu opiniâtre, après avoir opéré sur des grains tellement charbonnés ou cariés, que la poussière remplit l'atmosphère et qu'elle pénètre dans les yeux et les voies respiratoires en quantité notable. Il n'en est pas de même de l'ergot du seigle (*Sclerotium clavus*, DC.), sorte de gale qui se propage par voie d'hérédité et de contagion, et attribuée par certains botanistes à la piqûre d'un in-

secte. Son usage, à dose même faible, peut donner lieu
à des accidents toxiques graves. Le choix de la semence
et le chaulage de la terre sont les meilleurs remèdes à
appliquer.

Les tubercules enterrés sont aussi sujets à des in-
vasions de parasites; les fungoïdes poussent encore
mieux quand ils sont ainsi soustraits aux causes funestes pour eux de l'air et des agents atmosphériques. La
pomme de terre, si précieuse pour l'alimentation des
populations des campagnes, est atteinte presque depuis
son importation d'une maladie héréditaire qui a fait
subir des pertes énormes à la culture. En 1786, Par-
mentier avait déjà signalé une cause mal déterminée de
dégénérescence. Plus tard on reconnut, au moyen du
microscope, que la maladie provient d'un fungoïde per-
çant directement les parois des cellules épidermiques,
sans se laisser arrêter par le cuticule, même s'il est épais.
Le *Pernospora infestans* naît extérieurement, mais il
produit de longs filaments germinatifs, doués d'une pro-
pension spéciale à s'introduire dans le tubercule même,
à s'y alimenter à ses dépens et à y exercer enfin une
action destructive telle qu'il amène la décomposition.
En effet, les pommes de terre malades ont la chair noi-
râtre, nauséabonde; mais, selon M. Leroy-Mabille, on
devrait attribuer la maladie au défaut de maturité des
tubercules, défaut transmis de génération en génération, et aggravé par le temps. Dans cet état de faiblesse,
l'invasion du parasitisme serait bien plus aisée, et la
destruction exercée par les filaments de mycélium ne
serait due qu'à l'état anormal du tubercule.

Les avis sont très-partagés sur les causes qui ont
amené cette maladie. Certains observateurs pensent que

les conditions atmosphériques y jouent un certain rôle. Il est du reste une remarque à faire : c'est que presque toujours les grandes pluies font apparaître la maladie avec une intensité plus sensible. Si la cause principale était dans l'air, cette influence aurait été augmentée ou diminuée par l'introduction des espèces de provenance étrangère, fait constaté, mais pas suffisamment pour autoriser à s'en prévaloir. Les cultivateurs signalent parmi les causes qui favorisent la maladie : l'humidité du terrain, la plantation et le buttage tardifs, l'emploi de la mauvaise semence, la germination prématurée et épuisante avant la plantation, l'emploi du fumier frais, c'est-à-dire non décomposé.

La maladie qui atteint la vigne, l'*oïdium*, provient d'un parasite microscopique offrant des caractères complexes. Si l'on examine la pellicule d'un grain de raisin, sans endommager par le plus léger contact l'efflorescence blanchâtre qui le recouvre, on observe, avec un grossissement moyen, des champignons sortant de l'épiderme, sous forme de verticilles élancés, ayant de un millimètre à un millimètre et demi de hauteur. Dans d'autres endroits, on voit de petites boules d'un à deux centièmes de millimètre de diamètre (fig. 164) ; tantôt elles sont enveloppées de mycélium, tantôt elles sont isolées ; on peut fréquemment en rencontrer quelques-unes d'où il sort de longs filaments, sorte d'émission comme celle du pollen des phanérogames qu'on a mis dans l'eau. Au-dessous des feuilles on rencontre de petites masses floconneuses, résultat d'une agglomération de filaments, de sporules, d'excroissances cryptogamiques de différente nature. Mais les observations sur l'*oïdium* ont été presque aussi différentes qu'il y a eu

d'observateurs, ce qui les a fait réunir sous une dénomination générique ; les effets malheureusement sont
toujours les mêmes, et, quels que soient les caractères
des champignons, la plante succombe sous l'attaque des
uns aussi bien que sous celle des autres.

M. V. Châtel regarde l'*oïdium* comme une sorte de

Fig. 165. — Spores de l'*Oïdium* (maladie de la vigne) × 500. *c*, *c*, corpuscules.
c', corpuscule émettant une matière filamenteuse; *f*, *f'* filaments et mycélium gélatineux.

gale microscopique, qui se développe sur les jeunes
feuilles et se propage par contagion. Il résulte des expériences faites pendant quinze ans qu'elle se montre sur
le dessous des feuilles de deuxième et de troisième formation ; comme ces feuilles apparaissent en mai et en
juin, on explique par ce fait la raison pour laquelle
l'oïdium n'a jamais été observé avant cette époque ; de
la face inférieure des feuilles, où commence son apparition ; il tombe sur les autres feuilles. M. Châtel attri-

bue cette maladie à l'insuffisance des sels alcalins ; la séve privée de cet élément n'a plus la force de défendre la plante contre l'attaque des parasites végétaux ou animaux qui s'établissent sur elle. Il conseille comme remède de répandre de la cendre au pied. M. Ducommun, sans nier l'existence du cryptogame fungoïde qui produit la maladie, croit qu'il est le résultat d'une blessure primitivement faite par un animalcule microscopique qu'il désigne sous le nom de *Sphalérie*. La coïncidence des maladies intenses avec les hivers peu rigoureux permet de supposer que, si ceux-ci se produisaient consécutivement pendant quelques années, la végétation serait délivrée de l'oïdium.

La maladie végétale est aussi accompagnée d'un parasitisme animal. L'invasion d'un petit insecte, le *Phylloxera vastatrix*, a beaucoup occupé les viticulteurs dans le midi de la France ; elle prend depuis quelques années des proportions inquiétantes. Ce fléau, né dans le bassin du Rhône, a gagné le Bordelais, le Mâconnais, et prend des proportions encore plus inquiétantes que l'oïdium.

Quelques naturalistes fantaisistes regardent les champignons, les clavaires, les lichens, comme autant d'exutoires par lesquels la terre transforme et rejette les produits morbifiques qui ne tarderaient pas à empoisonner son sein, si le Créateur prévoyant n'avait ménagé ce moyen purificateur, comme au corps humain la transpiration cutanée. L'idée est originale, mais cependant elle conduit à admettre que l'abondance des champignons et autres mucédinées préserve d'autant les produits de la végétation. Le sol assaini ainsi par des exsudations abondantes qui repoussent au dehors tous les germes empoisonneurs, n'offre plus aux racines des arbres qu'un aliment sain et réparateur, capable d'entretenir la force de végétation dans toute sa vigueur.

M. E. Guérin-Méneville a soutenu que les maladies des végétaux, telles que l'oïdium et autres semblables, avaient pour cause principale un phénomène météorologique, cause d'une modification du sommeil hivernal des végétaux. Une suite consécutive d'hivers peu rigoureux, les excitant à contre-époque, a produit sur eux un commencement d'incubation, quand ils devaient rester inactifs et engourdis, comme les marmottes sous la neige. Les végétaux se seraient *émus* en plein hiver par le déplacement fortuit des saisons, ce qui serait cause de diverses maladies.

D'autres enfin, moins amateurs de théories avancées, y voient simplement une dissémination de germes, constituant une sorte d'épidémie sur les plantes, comme il y en a pour les animaux, effet provenant de causes multiples, difficile à déduire selon des règles bien déterminées, mais qu'il faut admettre absolument, par suite de l'observation des faits. Le micrographe se plaît à étudier l'origine de ces ravages; mieux que ceux qui ne considèrent que leurs résultats désastreux, il comprend avec plus d'indépendance la difficulté d'arrêter une idée et d'émettre une opinion. Pour lui, il admire les merveilles qui se présentent à chaque pas de ses investigations; cela lui suffit.

Les champignons ne se contentent pas d'étreindre les végétaux supérieurs sous le développement abondant de leurs filaments pernicieux, ils s'attaquent aux animaux de toute taille; là où tombe la sporule, elle s'y fixe et s'y nourrit aux dépens du corps qui la porte. On a cité des coléoptères que des entomologistes ont vus promener avec eux de longs filaments de mycélium comme un appendice naturel. La maladie qui atteint les vers à soie et ruine des magnaneries entières, est un parasitisme cryptogamique ; les corpuscules que l'on trouve dans les graines, les vers, les chrysalides ou les papillons, sont un indice certain de maladie. Pour être sûr d'avoir de la bonne graine, il faut, le microscope à la main, se mettre en quête des corpuscules et sacrifier la graine attaquée, afin qu'elle n'infecte pas le reste par son contact. M. Pasteur, qui fut envoyé en mission dans le Midi, étudia cette épidémie et proposa comme remède unique le choix des graines au microscope avant la récolte.

Sur les animaux de grande taille, nous voyons le parasitisme se développer encore plus abondamment ; la gale, le favus, certaines épidémies ne sont que le résultat d'un parasitisme interne. Nous avons des végétations dans les intestins, comme le *Sarcina ventriculi* ; des fungoïdes plus grands poussent dans certaines cavités, telles que les fosses nasales, les oreilles. Le docteur Robert Weden cite la végétation d'un *Aspergillus* dans l'oreille d'un de ses malades, ce qui constituait une maladie opiniâtre. Pendant plus de trois mois les végétations se renouvelèrent malgré l'emploi des meilleurs parasiticides. Le local dans lequel habitait le malade qui en était affecté fut soigneusement inspecté ; on finit par découvrir que le plafond, les coins, étaient couverts d'une couche de moisissures de *Penicillium glaucum* dans les endroits badigeonnés à la chaux, tandis que tous les murs peints à l'huile étaient tapissés d'une moisissure blanche et noire qui présentait le même *Aspergillus nigricans* que celui de l'oreille du malade. Le lavage des murs avec une solution d'hypochlorite de chaux, ainsi que son emploi dans le traitement du malade, mit fin à ce développement de parasitisme.

III

LES PRODUITS DE LA FERMENTATION VÉGÉTALE

Le résultat de la corruption et de la décomposition dans les infusions végétales. — Les germes. — Discussion sur leur origine. — Historique des générations spontanées. — Les expériences non convaincantes. — Réserve sur la question. — Ferments nuisibles aux vins. — La levûre de la bière. — Végétations microscopiques dans le pain du siége de Paris. — Causes de la fièvre paludéenne. — Expériences sur la propagation des germes.

Il est reconnu par tout le monde que le premier signe de décomposition est l'apparition de moisissures plus ou moins prononcées ; pour le micrographe, les symptômes sont plus nombreux : il observe des bactéries, des filaments, des microphytes, des infusoires et toute une légion fourmillante de végétaux et d'animaux, plus étonnants les uns que les autres. Provoquez une décomposition végétale en laissant pourrir des fragments de plantes ; si l'humidité est faible, il poussera à la surface une foule de moisissures ; si, au contraire, ces plantes sont immergées dans un liquide, il apparaîtra tout un monde d'infusoires. Pour que, dans une infusion végétale, il y ait production d'animalcules, il faut qu'il y ait corruption préalable, accomplie dans des circonstances très-variables de chaleur, d'humidité et par suite de fermentation. Deux faits distincts se produisent, et, quoique distincts, ils sont intimement liés l'un à l'autre : corruption d'une part, génération de l'autre. Dans une infusion fétide, il se passe des merveilles de transformation et de manifestation de vitalité. L'étudiant qui aime avoir sous la main des sujets d'observation variée n'aura qu'à conserver dans un vase, loin des susceptibilités de son odorat, une infusion assez ancienne, recueillie dans de bonnes conditions au bord d'un fossé d'eau stagnante. Il y verra pendant plusieurs semaines, plusieurs mois, naître et vivre une quantité de fungoïdes étranges, d'infusoires, de vibrions, de conferves, sujets d'études et de récréations microscopiques.

D'où sont venus les germes qui donnent naissance à tout ce monde de végétaux et d'animaux, petits il est vrai, mais doués d'une réelle vitalité? L'opinion qu'un être vivant quelconque peut surgir sans l'existence préalable d'un procréateur, sans qu'il y ait eu émission d'un germe, a été débattue de tout temps par les scrutateurs acharnés des lois de la nature. Après de longues discussions, souvent passionnées, on n'est arrivé à aucune solution satisfaisante ; émettant théories sur théories, élevant expériences contre expériences, les lutteurs scientifiques sapaient les idées de la veille, pour replonger le lendemain la question dans les ténèbres de l'inconnu.

On a prétendu que des êtres vivants pouvaient se reproduire d'eux-mêmes, par leur propre fait et sans l'intervention d'une mère. *Proles sine matre creata.*

On a pris ensuite ce mot dans un sens moins absolu et l'on a rangé dans la catégorie des *générations dites spontanées* la naissance de tout être vivant, animal ou végétal, tirant son origine d'un être non semblable à lui. Dans ce cas, la naissance spontanée suppose une création antérieure dont elle dérive, bien que l'enfant soit différent de la mère. La question n'est pas nouvelle, car on fait remonter à Leucippe et aux épicuriens la doctrine des générations spontanées ; à toutes les époques, elle eut pour défenseurs les hommes les plus illustres. Pline en faisait un des trois modes de reproduction des végétaux : « Les arbres que nous devons à la nature, dit-il, naissent de trois façons : ou *spontanément*, ou par graine, ou par bouture. » Virgile, au quatrième livre des *Géorgiques*, a chanté les générations spontanées aussi bien que Lucrèce. Plutarque dit que la première génération a été entièrement produite par la terre. Aristote n'acceptait les générations spontanées que pour les insectes, les mollusques et quelques poissons, dont il ignorait le mode de reproduction. Dans son livre de *la Cité de Dieu*, saint Augustin s'occupe de la question de savoir comment les îles après le déluge ont pu recevoir de nouveaux animaux. Le célèbre naturaliste Lamarck a admis comme Buffon les générations spontanées, et avec lui, Burdach, Bérard et d'autres physiologistes.

Les expériences semblent prouver d'un côté ce qu'elles désavouent de l'autre, de sorte que les théories se détruisent réciproquement, car il est toujours admissible que les sujets soumis à la méthode expérimentale aient apporté avec eux des germes ayant résisté aux préparations auxquelles on a pu les soumettre pour les détruire. Ceux

14

qui ont étudié les productions microscopiques paraissant naître spontanément, ont eu l'occasion de voir souvent des phénomènes si singuliers, que leur conviction a dû être ébranlée tantôt dans l'affirmation, tantôt dans la négation.

Dans toute macération, lorsque les cellules sont désagrégées et qu'elles deviennent libres, leur vitalité persiste, et si elles se trouvent dans certaines conditions d'humidité, de température et d'électricité favorables, elles prennent de l'accroissement, se multiplient même et donnent lieu à des infusoires, si le phénomène se passe dans l'eau, ou à des productions phytoïdes, telles que les *Aspergillus* et toute l'Océanie de la cryptogamie microscopique, s'il a lieu dans un air convenablement disposé, humide, stagnant, etc. Dans certains cas de maladie, ces éléments sont détournés de leur voie ordinaire, de leur mouvement ; plus ou moins isolés, ils vivent plus ou moins de leur vie individuelle et donnent lieu aux fausses membranes, aux autres productions pathologiques qu'on a appelées *Botrytes*, *Oïdium*, etc. Dans beaucoup de circonstances, ces cellules élémentaires isolées peuvent agir à la manière du ferment, qui se multiplie quand il est placé dans un milieu convenable, comme M. Pasteur l'a démontré avec succès. Les nouveaux êtres ainsi formés donnent lieu à ces sortes de productions protéiformes, à ces infusoires si variés, multipliés sous diverses formes, à ces phytoïdes, pour produire enfin des organismes semblables à ceux dont ils sont sortis. Cette persistance de la vitalité dans les cellules élémentaires s'explique aussi parce que, desséchées, elles volent partout, restent inertes pendant un certain laps de temps comme les infusoires ressuscitants, et reprennent la vie dans des circonstances données, pour affecter diverses formes, suivant le milieu dans lequel elles ont été transportées.

La question, si palpitante d'intérêt, de la génération spontanée ne saurait être abordée qu'avec de grandes précautions, sous peine de voir des récriminations s'élever dans l'un ou l'autre camp, car avec des expériences faites dans les mêmes conditions on arrive à des résultats différents. La génération spontanée est aujourd'hui en physiologie ce que les problèmes de l'alchimie étaient au moyen âge. Si l'on veut procéder par déduction logique, il faut admettre que, dans le monde des infiniment petits, les choses doivent se passer comme dans celui qui tous les jours frappe nos yeux : tout végétal ou animal a un procréateur, dans quelque acception que ce mot soit pris ; il doit en être de même dans le domaine mystérieux et étrange dont nous ne pouvons entrevoir que certains aspects, au moyen des instruments qui donnent de l'extension à nos facultés visuelles.

Quoi qu'il en soit, examinons, sans nous égarer sur le terrain trop glissant de l'origine des faits, les productions végétales auxquelles donnent lieu certaines fermentations, et où l'on découvre des phénomènes de paternité et de maternité aux plus bas degrés de l'échelle végétale. Le pain, le vin, la bière, sont sujets à une fermentation procréatrice de fungoïdes microscopiques.

Les altérations spontanées ou maladies des vins proviennent fréquemment de petits végétaux microscopiques informes, dont les germes latents se développent selon certaines conditions de température, de variations atmosphériques, d'exposition à l'air, permettant leur introduction ou leur évolution dans les vins. Prenez quelques gouttes du dépôt d'un vin devenu acide, mettez-les sur le porte-objet du microscope, vous verrez une quantité innombrable de petits corpuscules unicellulaires ; c'est le *Mycoderma aceti*. Ses articles sont réunis en chapelets qui, malgré la dislocation qu'amène la prise d'essai, ont souvent des longueurs atteignant vingt, trente, quarante fois la longueur d'un article. Un vin quelconque ne se conserve pas dans un tonneau en partie vide, sans que toute la surface du vin soit recouverte de ce mycoderme. Les vins rouges communs ne portent que le *Mycoderma vini*, parce que ce végétal se multiplie avec d'autant plus de facilité, que les vins sont plus chargés de matières azotées et extractives. Le ferment qui détermine la maladie connue sous le nom de *goût de vieux* offre des filaments noueux, branchus, très-contournés, dont le diamètre atteint quelquefois quatre centièmes de millimètre ; ils sont fréquemment associés à une foule de petits grains bruns, sphériques, curieux végétaux dont la proportion varie avec l'amertume du vin. Pour les vins *tournés*, ce sont des filaments très-ténus, extrêmement légers, flottant dans le vin et le troublant. On a l'habitude de regarder le trouble du vin comme le produit de la lie remontée dans le liquide. Le trouble n'est dû qu'à ce ferment propagé insensiblement dans sa masse. Les vins de Champagne prennent le *goût de piqué* par l'effet de la présence de ce végétal microscopique. Éviter les maladies des vins serait facile à quiconque prendrait soin de les examiner au microscope ; dès que l'on reconnaîtrait dans une goutte quelques filaments, il faudrait les aérer par le soutirage, qui le plus souvent suffit pour opérer la précipitation de tous ces filaments dans l'espace de quelques jours, ou avoir recours au chauffage, dont le but est de détruire tous les germes.

La bière présente aussi le phénomène de la production de fungoïdes au moment de la fermentation.

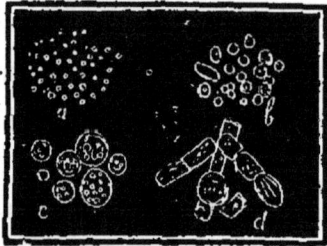

Fig. 164. — Développements successifs des spores de la levûre de la bière (*Torula cervisiæ*). *a*, sporules rudimentaires ; *b*, premier état d'accroissement ; *c*, sporules contenant des séminules reproductrices ; *d*, ramifications des cellules développées.

Jusque dans ces derniers temps, on admettait que la fermentation alcoolique consistait en un simple dédoublement du sucre, dû à l'action catalytique exercée sur lui par une matière organique azotée en décomposition. M. Pasteur a démontré que, loin d'être un phénomène de contact, dû à une matière morte, la fermentation du sucre est un acte corrélatif de la vie d'un végétal microscopique composé de globules groupés en chapelet ; pour se développer il a besoin de rencontrer des éléments de matières albuminées et minérales, qui avec la cellulose entrent dans sa constitution. Si ces matières existent dans le liquide sucré, comme dans le jus du raisin ou dans le moût de la bière, la levûre se développe et la fermentation se produit (fig. 164). Si elles n'existent pas, comme dans l'eau sucrée par exemple, il n'y a ni développement de la levûre, ni fermentation. Le développement organique consiste en globules qui

sont de petits végétaux doués de vie ; avant d'être mis
en présence du sucre, ils se trouvent dans un état
inerte, comme les graines sèches gardées pendant l'hiver. Aussitôt que le sucre leur est donné, immergés
dans un milieu fermentescible, ils recommencent à vivre
et projettent des bourgeons, qui s'assimilent le sucre
pour se former, et absorbent aussi la substance soluble
des globules mères ; c'est l'explication de l'énorme
quantité de mousse au moment de la fermentation.
Cette mousse est une forêt touffue de petits végétaux,
qui ont leur vie, leurs phases d'existence, leur reproduction, etc.

La levûre, entrant pour une certaine quantité dans la
fabrication du pain, amène-t-elle avec elle des germes
nuisibles? Le pain se moisit comme toute substance
organique entrant en fermentation sous des influences
d'humidité et de chaleur. Le pain de froment pur contient différents ferments très-variables, mais le pain de
munition est affecté d'un champignon particulier,
l'*Oïdium aurantiacum*, révélé pour la première fois en
1843, dans les grandes chaleurs de l'été. La moindre
parcelle de pain attaquée de l'*oïdium* suffit pour le
semer sur le pain frais et l'y reproduire en quantité indéfinie. Il consiste en petites taches rouge orangé, répandant une odeur prononcée de moisi. Nous l'avons
remarqué spécialement sur le pain du siége de Paris,
composé de farines de légumineuses de mauvaise qualité, particulièrement aptes à la décomposition. Le
microscope montrait de petites ramules, sur lesquelles
étaient groupées une multitude de spores. En immer-
geant quelques parcelles de la mie de ce pain, il s'en
dégageait par suite de la fermentation une quantité de

fungoïdes de toute nature. L'*Oïdium aurantiacum*
existe aussi dans le fromage de Roquefort, dans la fabrication duquel on fait entrer le pain moisi. Suivant
certains observateurs, il serait nuisible quand il est
ingéré dans l'estomac ; selon d'autres, il serait inof-
fensif.

Les émanations de tout amas de substances végétales
en fermentation sont nuisibles à la santé et peuvent
même y porter de graves préjudices ; car les cryptogames
invisibles sont tenus en suspension dans l'air que nous
respirons ; ils s'introduisent dans nos organes, s'y reproduisent avec une rapidité effrayante et y apportent
des perturbations dont la mort peut être la conséquence.
D'après des preuves évidentes, certaines maladies épidémiques n'ont pas d'autre cause. M. Balestra, en examinant au microscope les eaux des marais Pontins,
celles de Maccarebe et d'Ostie, les a vues remplies de
fungoïdes et d'infusoires de différentes espèces ; le plus
remarquable est un microphyte granulé de l'espèce
des algues, toujours mêlé à une quantité considérable
de petites spores d'un millième de millimètre de diamètre.

Le principe miasmatique des lieux paludéens réside
dans ces spores elles-mêmes ou dans quelques principes
vénéneux qu'elles renferment. L'algue qui les produit
n'existe pas dans les temps de sécheresse ; mais elle
peut se développer à la suite d'une faible pluie, tombée
dans les temps chauds, ou même par les fortes rosées
et les épais brouillards qui s'élèvent de la mer et des
étangs, et à la suite desquels peut se produire le déta-
chement, puis la migration des spores. On explique
ainsi l'invasion de la fièvre intermittente la *malaria*,

qui acquiert auprès de Rome une grande intensité pendant les mois d'août et de septembre. La plupart des
fièvres paludéennes proviennent de la même cause. Les
antiseptiques, les aromatiques, et surtout les sels de
quinine, détruisant rapidement ces spores, sont les
remèdes les plus employés contre les miasmes des marécages.

Pour expérimenter les rapports intimes qui existent
entre la cause de la fièvre intermittente et les cryptogames développés sur les sols humides, après leur dessiccation, un expérimentateur a rempli des caisses d'étain
avec la terre de la surface d'une prairie marécageuse,
reconnue miasmatique et entièrement couverte de *Palmellæ*. Des tranches de cette surface furent placées
avec soin dans les boîtes, de manière à ne pas altérer
ces végétations. Elles furent ensuite portées dans un
pays élevé et montagneux, distant de dix kilomètres de
toute localité miasmatique et où il ne s'était jamais développé le moindre cas de fièvre. Cet endroit était à plus
de cent mètres au-dessus des bas-fonds. Les boîtes contenant les cryptogames furent placées, sans rien déran-
ger, sur la fenêtre d'un appartement ; au bout de quatre
jours, on suspendit une lame de verre au-dessus des
boîtes, et on la trouva couverte de spores de *Palmellæ*.
Douze jours après, un des habitants éprouva un accès
de fièvre intermittente très-nettement caractérisée ; le
quatorzième jour, un autre eut les mêmes symptômes.
Dans les deux cas, le type était la fièvre tierce. Les
moyens appropriés en firent promptement justice et
l'expérience répétée confirma que le transport de ces
cryptogames dans un lieu sain était la seule cause dé-
terminante de la maladie.

IV

LES ALGUES MARINES GRANDES ET PETITES

Distribution des algues dans les mers. — Les laminaires. — Les algues microscopiques parasites. — Observation sur leur organisation. — Mode étonnant de reproduction. — Reproduction simple. — Coloration de la mer par les algues infiniment petites. — Rapport de différents navigateurs sur ce phénomène. — Immensité de la végétation microscopique dans la mer. — Coloration des marais salants de la Méditerranée.

Les eaux ont leurs habitants et leurs végétaux comme la terre. Quoique la flore océanique se rattache presque uniquement à la classe des algues, elle n'en est pas moins variée et abondante. Linné n'en avait mentionné que cinquante espèces, tandis qu'aujourd'hui on en connaît plus de mille cinq cent neuf à deux mille. Elles se localisent par contrée : telle espèce est particulière à certains parages, telle autre ne vit que dans d'autres lieux. On a ainsi établi des cartes de leur distribution dans les mers du globe. Les unes sont sédentaires, adhérant aux rochers par des pseudo-racines, ou organes de fixation ; les autres se détachent du rivage qui leur a donné naissance, et se laissent entraîner au gré des courants, sans compromettre leur existence. Les courants

ont ainsi formé des amas considérables ; au centre du
grand circuit du courant de l'Atlantique nord, on rencontre un espace couvert d'herbes marines, la mer des
Sargasses, vue pour la première fois par Christophe Co-
lomb. Ce sont des varechs sans racines, végétant avec activité et portant même des fruits. La couleur de ces herbes est brune et jaunâtre ; elles ont l'aspect étiolé, ce que
l'on attribue au défaut du renouvellement de l'eau autour
de la plante ; tantôt elles sont agglomérées et compactes,
tantôt elles se montrent par bandes parrallèles et s'ali-
gnent toujours dans la direction du vent régnant ou du
courant. La principale espèce dans cette prairie flot-
tante est le *Fucus giganteus*, qui s'allonge comme un
ruban jusqu'à cent vingt mètres ! Certains naturalistes
pensent qu'il atteint même de trois à quatre cents mètres.
Ces tiges sont faibles, mais admirablement disposées
pour flotter dans le liquide ; elles portent même d'autres
plantes et animaux parasites ; les molluques y cherchent
un point d'appui.

Les côtes de l'Océan sont parsemées d'algues variées,
abandonnées sur les plages à marée basse : les *Fucus*,
les *Zostères*, les mousses, sont en telle quantité, que
l'industrie les recueille pour extraire la soude ; elle les
enlève comme engrais, ou les fait sécher pour divers
usages. Parmi ces masses de *goëmons* ou *varechs* échoués
sur la plage, on rencontre inévitablement des *Laminaires*, grands rubans d'une texture résistante, longs de
plusieurs mètres, sans distinction de sommet ou de racine. Préparons-en une coupe pour voir au microscope
quelle est sa constitution (fig. 165). Deux caractères y
sont tout de suite observés : premièrement, un tissu cellulaire analogue à celui des phanérogames, mais com-

pacte, résistant, avec une bande médiane de tissu coriace, réunion d'éléments disposée par la nature en vue
de produire cette consistance caractéristique des *Laminaires*. Secondement, on voit des cavités ressemblant
beaucoup à des vaisseaux; elles semblent remplir la
fonction de canaux aériens, destinés à contenir de
l'air élaboré par la plante elle-même pour la faire
flotter.

Quand on parcourt les côtes en suivant la laisse de

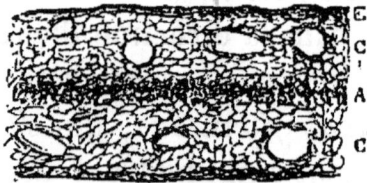

Fig. 165. — Coupe d'Algue laminaire (*Ulva latissima*) × 60. E. Épiderme.
A. Bande médiane de tissu cellulaire épais. C, C. Canaux aériens longitudinaux.

basse mer dans les grandes marées d'équinoxe, ou que
l'on herborise dans le creux des rochers, dont l'eau
reste toute la journée échauffée par le soleil et protégée
naturellement contre le choc des grandes vagues du
large, on rencontre une foule d'algues très-petites, non
moins intéressantes à examiner au microscope que
les végétaux aériens. Elles s'accrochent aux corps durs
par des crampons très-solides, quand leur nature implique un séjour dans les eaux agitées, tandis que celles
qui sont destinées à vivre dans les lagunes tranquilles
d'eau salée n'ont aucun organe fixateur. Quoique très-
délicates, elles finissent par former d'épaisses tapisseries
sur les rochers, les murs des quais, les bois immergés;
les coques de navires longtemps à la mer sans avoir été
nettoyées se couvrent d'herbes marines de cette nature,

qui finissent par s'accumuler au point d'amoindrir le glissement dans l'eau et la rapidité de la marche; quand le navire est asséché dans le bassin, on trouve à ses flancs une flore maritime très-variée, rapportée des différentes mers où il a navigué.

Les régions tempérées sont les plus propices au développement des algues, car c'est sur leurs côtes qu'on

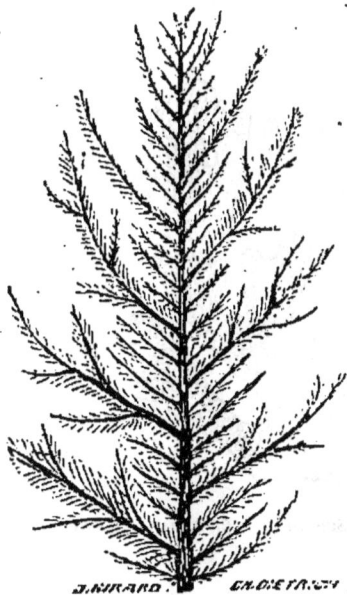

Fig. 166. — Algue confervoïde. *Pilota elegans* × 10.

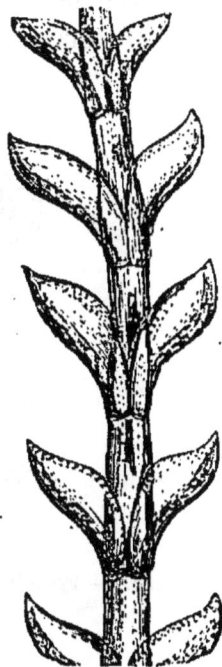

Fig. 167. — Polypier × 10.

rencontre les espèces les plus nombreuses; partout où elles sont dans des conditions physiques favorables à leur croissance, elles envahissent les plages. Les frondes de ces petits végétaux offrent une immense variété; déterminer les caractères de classification a été une tâche très-ardue pour les patients algologues qui, comme Kutzing et autres, leur ont assigné des places selon

leur organisation. On les a aussi divisées d'après leurs
teintes spéciales en trois grandes sections : les brunes
ou noires (*mélanospermées*), les vertes (*chlorosper-
mées*), et les rouges (*rhodospermées*). Les vertes se
tiennent près de la surface ; les rouges existent principalement sur les rochers des côtes ; mais les brunes vivent à de plus grandes profondeurs. Ces teintes seraient
dues, selon quelques observateurs, à l'influence exercée
par la lumière. Les frondes des algues microscopiques

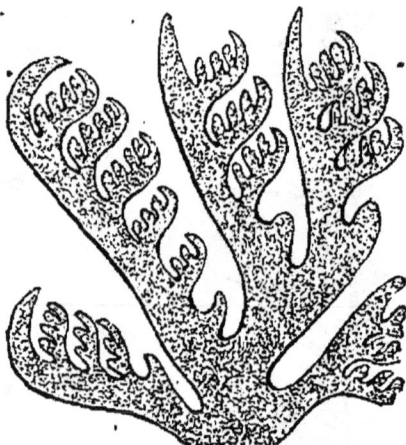

Fig. 168. — *Frondes membraneuses de Plocamium vulgare* × 30.

offrent une grande diversité de texture, de forme et
d'organisation intérieure. Les ramules sont composées
d'anneaux soudés les uns aux autres et formés d'un
principe fibreux. Ainsi les *Plocamiums* (fig. 198), qui
sont si abondants sur toutes les plages des côtes fran-
çaises de l'Océan, ont leurs frondes délicates dentelées
d'une façon très-curieuse ; coriaces comme du cuir, elles
résistent aux chocs des vagues impétueuses contre les
rochers. Pour certaines algues microscopiques, les ramules sont composées d'articles ou cellules allongées,

reliées entre elles par une pellicule membraneuse solide et transparente, constituant un ensemble d'organisation très-simple en même temps que très-résistant.

Les algues méritent de fixer l'attention à cause des
phénomènes de leur reproduction, encore enveloppée
dans l'obscurité. Comme les végétaux aériens, elles se
propagent par graines, ou spores, et aussi par fragmen-

Fig. 169. — Détail des articles de
l'Algue : *Callianthanium tetra-
gonum* × 150.

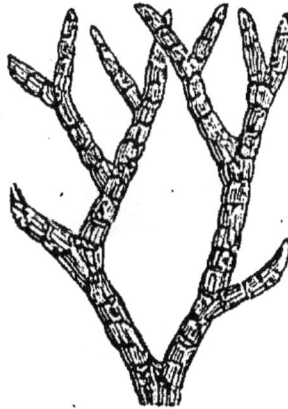

Fig. 170. — Algue : *Polysiphonia
fastigiata* × 30. Exemple de ramules fibreuses.

tation ; une ramule peut donner naissance à une autre
ramule, et ainsi indéfiniment : sorte de séparation auto-
gène plus particulière aux conferves microscopiques,
qui leur permet de croître et de jouir d'une nouvelle
vie, semblable à celle du procréateur. Certaines conferves ont la propriété de se dissoudre en une infinité
de globules doués de reproduction.

Dillennius est le premier botaniste qui s'en soit
occupé; Linné ne les regardait que comme des sub-
tances simples, sans leur assigner une fructification ;
Jussieu les plaça parmi les plantes de reproduction inconnue. Ce n'est que dans ces dernières années que

M. Thuret découvrit le mystère de la reproduction du *Fucus vesiculosus* au moyen des anthérozoïdes, petits corps motiles analogues à ceux des mousses et autres cryptogames, qui existent conjointement avec les spores. Une coupe de la fronde laisse voir (fig. 171), sous un fort grossissement, deux sortes de cavités ou *conceptacles*, nommées, faute d'autres termes plus spéciaux, les unes mâles, les autres femelles, garnies toutes deux

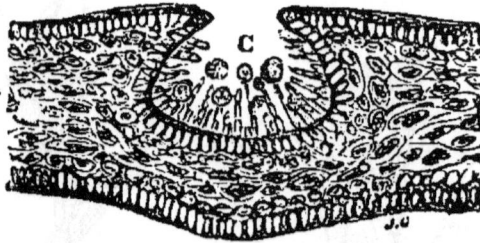

Fig. 171. — Coupe d'une fronde de *Fucus vesiculosus* × 60. C. Conceptacle garni de poils renfermant des spores.

de poils celluleux ou *paraphyses*. Des sporanges viennent se fixer entre ces poils sur un court pédicelle, puis un organe, que l'on pourrait appeler *anthéridie*, laisse échapper des anthérozoïdes, qui s'attachent en grand nombre à la surface des sporanges et leur impriment même un mouvement de rotation, probablement nécessaire à la fécondation ; alors ils se détachent et l'*ostiole* ou ouverture du conceptacle s'agrandit, afin de faciliter l'émission du nouvel élément reproducteur.

Le mouvement spontané d'animalcules dans les algues a été constaté la première fois par Vaucher ; il interpréta les faits qui s'étaient passés sous ses yeux comme une indication de l'existence d'êtres jouissant de l'étonnante faculté d'être tantôt végétaux, tantôt animalcules. Il semble seulement, d'après l'examen de ce phénomène, que le mouvement des anthérozoïdes n'est dû qu'à un effet en quelque sorte mécanique, résultant d'une évolution nécessaire dans l'opération de la reproduction ; car cette vitalité microscopique est de courte durée et cesse dès que les spores sont devenues aptes à une nouvelle croissance.

La reproduction se fait sans intermédiaires aussi compliqués, tantôt par des spores immobiles, tantôt par des zoospores ; elle semble due, dans les deux cas, à une

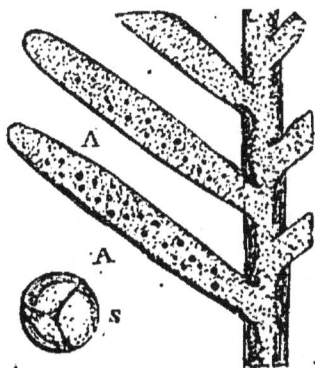

Fig. 172. — Algue marine : *Lamentaria clavellosa* × 26. A, A. Frondes dans lesquelles les spores sont incrustées. S. Spore détachée × 80.

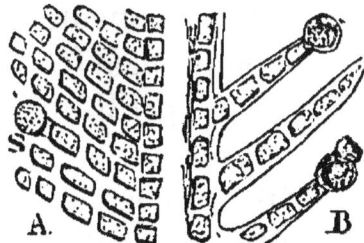

Fig. 173. — Articles de *Pilota elegans* × 140. A. Détail d'article formé de masses réunies. B. Détail d'articles ramifiés. S, S, S'. Spores.

transformation de la matière végétale en corps reproducteurs distincts qui se fixent sur les frondes. On voit, par exemple, dans la *Lamentaria clavellosa* (fig. 172) les frondes parsemées d'une infinité de petits granules foncés incrustés dans l'épaisseur même du tissu ; si on les regarde sous un fort grossissement, ils apparaîtront doués d'une organisation propre et fendus en trois. On verra aussi dans quelques algues une matière colorée, répandue en forme de taches sur les frondes ; c'est l'*endochrome*, substance considérée comme étant elle-même

un organe reproducteur. Kutzing, qui a suivi le développement de l'endochrome, rapporte que, d'abord tout à
fait fluide, il passe à l'état granuleux et s'attache aux ramules ; alors commence un singulier mouvement de
fourmillement : la membrane extérieure se gonfle, un
petit mamelon se produit, et il y paraît ensuite une ouverture par laquelle s'échappent les granules métamor-
phosés en zoospores munis d'un appendice, une sorte
de queue, tant qu'ils sont en mouvement dans la cellule ; ils se rassemblent enfin en masses innombrables,
s'attachant à un corps quelconque et germent en déve-
loppant des filaments. Ces amas de matières gélatineuses
qui accompagnent fréquemment les petites algues avaient
déjà été vus par Réaumur; il avait observé de petits globules arrondis, passant selon lui à l'état d'individus
parfaits. Quoique, en signalant cette découverte accidentelle, Réaumur eût commis une erreur, c'était néanmoins
à cette époque une idée confuse sur la reproduction des
algues.

Le résultat de l'extension du monde des infiniment
petits dans la vie aquatique dépasse tout ce que l'imagination peut concevoir ; les algues purement microscopiques, celles par exemple qui ne sont composées que d'un
seul filament, ont une énergie encore bien plus prononcée que les *Fucus* gigantesques ; la taille manque, mais
la multiplicité la remplace. Les algues unicellulaires sont
répandues avec une telle profusion, qu'elles colorent
certains endroits de la mer, plus grands qu'un pays de
plusieurs millions d'habitants, avec une intensité remarquable, et cependant, vues au microcospe, ce ne sont
que de petites brindilles longues d'un ou deux millimè-
tres, et même moins. « Ces faits, dit Bory, apprendront

15

aux hommes judicieux quelle est l'importance des petites choses dans l'histoire de la nature. »

La couleur de la mer Rouge a été depuis longtemps
l'objet d'un grand nombre de recherches. Ehrenberg a
vu le premier que la cause était due à la présence d'une
petite algue, ou d'un de ces êtres qui tiennent le milieu
entre les animaux infimes et les végétaux inférieurs ; il le
nomma *Trichodesmium ehrenbergii*. Péron, dans son
Voyage aux terres australes, rapporte avoir vu sur la
mer « une espèce de poussière grisâtre couvrant une
étendue de plus de 20 lieues à l'ouest et à l'est. » Déjà

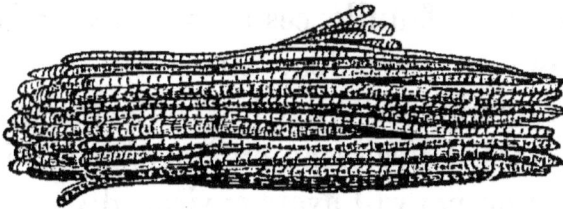

Fig. 174. — *Trichodesmium* × 60. Conferve fasciculée qui produit la
coloration de la mer Rouge.

ce phénomène avait été observé par Banks et Solander
dans les parages de la Nouvelle-Guinée ; ces deux illustres voyageurs rapportent « que les matelots anglais
comparaient cette poussière à de la sciure de bois (*sea
saw dust*). Il y a en effet une ressemblance grossière
entre les deux objets dont il s'agit ; mais, en soumettant
cette prétendue poussière au microscope, on reconnaît
dans chacun des atomes qui la composent une conformation si régulière et si constante, qu'on ne doit pas
hésiter à les regarder comme autant de petits corps organiques... » Darwin vit également le phénomène de
coloration de l'océan Atlantique à peu de distance des

îles Abrolhos : « Mon attention, dit-il, fut éveillée par
une coloration insolite de la mer. Toute la surface était
couverte de petits corps, qu'une faible lentille me mon-
tra semblables à du foin haché, dont les brins tron-
qués étaient comme rongés ou dentelés à leurs extrémités. Un de ces brins les plus volumineux ayant été
mesuré fut trouvé long de $\frac{1}{300}$ de pouce. Examinés avec
plus de soin, je reconnus que chacun d'eux était formé
par la réunion de 20 à 60 filaments cylindriques obtus
aux deux bouts, et partagés à des intervalles réguliers
par des cloisons transversales entre lesquelles était
renfermée une matière floconneuse d'un vert brunâtre...
J'ignore à quelle famille ces corps peuvent appartenir,
mais ils offrent dans leur structure une grande et
parfaite ressemblance avec les conferves qui végètent
dans les fossés. Le vaisseau en traversa plusieurs bandes, dont l'une pouvait avoir environ dix verges de largeur et, à en juger par la couleur limoneuse de l'eau,
près de deux milles et demi de longueur. » Dans la zoo-
logie du *Voyage de la Coquille*, entrepris sous la direction de Duperrey, on trouve une pareille citation : « Un
phénomène qui paraît se reproduire avec assez de fré-
quence sur les côtes du Pérou est celui de la coloration de la mer en rouge vif... Les naturalistes ont
reconnu que cette coloration était due à des animalcules. »

Freycinet adressait en 1845 à l'Académie le récit
d'un fait circonstancié de coloration de l'Atlantique
sur les côtes de Portugal, vers le cap Rocca. « On signala à l'avant du bâtiment une coloration insolite des
eaux de la mer ; elles étaient en effet d'un rouge foncé
qui variait d'intensité et de nuance entre le rouge

brique et le rouge de sang. Aussi loin que la vue pouvait s'étendre, la mer conservait cette couleur. Cependant celle-ci n'était point uniforme partout; elle subissait çà et là des dégradations de ton. Les endroits où l'eau était plus foncée formaient de nouveaux bancs au milieu de la teinte générale. Leur étendue dans la direction du N. au S. pouvait être évaluée à 150 mètres... C'est en passant près d'une de ces bandes les plus colorées que l'on puisa de l'eau au moyen d'un seau. Sous un faible volume, la coloration de cette eau avait considérablement diminué d'intensité; on y voyait par transparence une multitude innombrable de corpuscules en suspension. Ces corpuscules étaient doués d'une si grande ténuité, qu'il fut impossible de les retenir dans un linge. Il fallut employer un filtre en papier pour en réunir un certain nombre. On obtint par ce moyen une poussière rouge brique qui, à peine exposée à l'air en couche mince, devint promptement d'un vert tendre, et laissa exhaler une odeur très-prononcée de varech. »

Les nombreux rapports des navigateurs concordent tous, dans le résultat des observations, sur la coloration de la mer; le principe est toujours une algue élémentaire de la famille indéterminée des *Protococcus*, simple cellule ou filament qui n'a qu'un ou deux centièmes de millimètre. Si l'on considère que, pour couvrir une surface d'un millimètre carré, il ne faut pas moins de 40,000 individus de cette algue microscopique mis à côté les uns des autres, on restera pénétré d'admiration en comparant entre eux l'immensité d'un tel phénomène et l'exiguïté de la plante à laquelle il doit son origine! Il est à remarquer que la coloration est un phénomène tout à fait distinct de la phosphorescence ; la première ne se voit que le jour, la seconde la nuit. La phosphorescence est due à un infusoire, dont les proportions sont en rapport avec les algues de la série des *Protococcus* et qui donne des preuves d'organisation animale ; il s'étend également par bancs, non moins immenses ; l'observation de ce phénomène est un des plus beaux spectacles auxquels on puisse assister pendant une traversée.

Ces végétaux d'organisation simple et des animalcules invisibles à l'œil nu sont les causes générales auxquelles il faut attribuer la rubéfaction des eaux. Tous les ans, les marais salants de la Méditerranée prennent une teinte rouge de sang sous l'influence des *Monas dunalii*, végétaux ou animalcules qui exercent une action oxygénante sur l'eau dans laquelle ils vivent. Bien plus, la quantité d'oxygène varie suivant les moments de la journée ; la chaleur est probablement le motif de ce dégagement. Lorsque le temps est beau et que le soleil brille, ils montent à la surface de l'eau et lui donnent cette teinte lie de vin si étrange. Souvent même ils y forment des espèces de plaques ou amas irréguliers, plus fortement colorés que le reste de la superficie. Quand il pleut ou que la température est basse, ils se précipitent vers le fond.

V

LES VÉGÉTATIONS DE L'EAU CROUPISSANTE

Les merveilles cachées. — Caractères des végétations microscopiques de l'eau. — Description des conferves. — Elles sont répandues dans toutes les eaux en profusion. — Difficulté d'établir une classification. — Curieuse observation sur les *Spirogyra*. — Propriété qu'ils ont de se souder entre eux. — Ils encombrent les eaux. — Forêts submergées en miniature. — Les conferves noires. — L'élaboration du chara. — Transformation chimique de l'eau par la végétation.

Il n'est pas de promeneur attentif qui n'ait remarqué dans les prairies, dans les marécages, des fossés d'eau stagnante couverts de végétations spéciales. On passe à côté avec indifférence, ou plutôt, on fuit ces lieux humides, ces amas de mousses repoussantes à la vue, ayant bien garde de s'y engager, soupçonnant des fondrières pernicieuses, ou craignant de respirer un mauvais air. Du reste, ces nappes d'eau n'ont rien d'attrayant, comparativement aux beaux paysages qui souvent les entourent ; elles semblent être entrées en décomposition, les animaux mêmes ne voudraient pas s'y abreuver, leur instinct les en éloigne. Mais pour le naturaliste armé de son microscope, la scène change

d'aspect ; il sait qu'elles renferment tout un monde
d'infiniment petits ; végétaux et animaux y sont réunis
à certaines époques avec une profusion et une diversité
étonnantes ; nouvel explorateur, lui aussi découvrira
un monde réellement contenu dans une goutte d'eau,
grâce au pouvoir magique de son instrument.

Munissez-vous, pour les excursions dans les marais,
de quelques flacons ; choisissez dans les mucosités qui
tapissent la surface des eaux des fossés divers spécimens, introduisez-les délicatement avec un peu d'eau
dans votre flacon ; ne craignez pas de multiplier les
échantillons ; cueillez même au fond ou sur les berges
quelques-unes de ces plantes qu'on y voit si ténues, mais
si nombreuses qu'on peut être toujours sûr d'en saisir
quelques-unes. Quand vous serez de retour et que
le microscope aura été convenablement installé, prenez avec des pinces quelques petites « mèches » de
ces matières informes, pour les déposer soigneusement sur le porte-objet ; évitez surtout la trop grande
quantité, c'est le défaut général dans lequel on tombe
de prime abord. Vous verrez une foule d'êtres et de
végétations aussi étranges les uns que les autres !
Ici, ce sont de longs filaments sur lesquels se trouvent
groupées de petites ponctuations vertes très-régulière-
ment espacées ; là ce sont des ramules épanouies aux
plus délicates couleurs, plus loin de petits corps géomé-
triquement disposés. Au milieu de tous ces représentants du monde végétal microscopique, des légions
d'infusoires tourbillonnent avec une rapidité vertigineuse, des monades s'agitent en masses considérables ; puis tout à coup, quelque gros infusoire pas-
sera en se traînant dans le champ de l'instrument,

produisant une répulsion instinctive... Un si repous-
sant animal, si près de l'œil! C'est un spectacle qui
tient du domaine de la féerie, si l'on a réussi dans le
choix de l'eau croupissante que l'on a rapportée des
marais. Pour ne pas avoir la peine d'en aller chercher
d'autres pour de futures observations, mettez-la dans
un verre; le monde invisible des marécages s'y déve-
loppera tout à son aise, sous les yeux de l'observateur,
qui pourra à chaque instant puiser dans ce laboratoire de

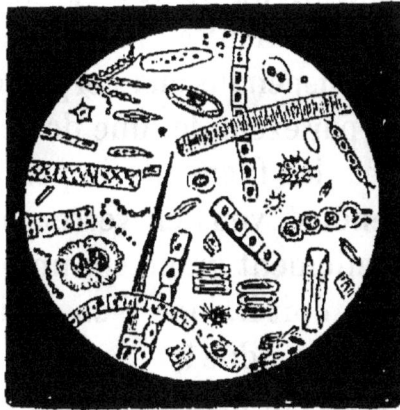

Fig. 175. — Conferves de différentes sortes dans une
goutte d'eau stagnante × 80.

la vie végétale et animale. Les métamorphoses les plus
étranges s'accompliront près de lui.

Décrivons les principales plantes microscopiques qui
peuvent se trouver dans cette eau.

Il semblerait que les végétaux infiniment petits habitent les eaux de préférence à l'air, réservé aux plantes
de taille supérieure ; leurs organes si fragiles ont besoin
d'un milieu plus calme que les régions tourmentées
par les convulsions de l'atmosphère. Chaque plante
choisit les eaux qui lui sont propres : celles-ci habiteront

les eaux vives et courantes, celles-là les fossés· d'eau
tranquille exposés aux rayons du soleil. La plupart vivent en parasites ; trop faibles pour se soutenir elles-
mêmes, elles se fixent, par un organe d'adhérence, pris
souvent à tort pour une racine, sur les autres végétaux
plus forts, leurs voisins d'à côté, dans le même fossé qui
les a vues naître de génération en génération. Au besoin
elles se cramponnent aux corps inertes, tels que les
pierres, les morceaux de bois ; tout ce qui est susceptible de leur fournir un point d'appui, est mis à profit.
Les unes poussent de haut en bas, les autres pendent en
longs chapelets suspendus aux corps flottants de la surface ; soulevez, par exemple, une de ces petites lentilles
d'eau ; regardez les filaments imperceptibles qui s'y
trouvent suspendus, vous en verrez une multitude. Si
le nombre est tellement grand sur un point relativement
si petit, combien doit-il donc y en avoir dans une pièce
d'eau de quelque étendue !

Ces plantes aquatiques appartiennent en majeure
partie à la vaste classe des *Conferves*, la dernière dans
l'échelle de la grande famille des Algues ; mais elle
est aussi la plus intéressante par la merveilleuse organisation des nombreux sujets qu'elle renferme. Les
conferves ne sont réellement bien connues que depuis
le perfectionnement des instruments micrographiques.
Réaumur avait traité de leur reproduction, sans donner
de conclusions satisfaisantes ; Lamouroux (1813) jeta
les fondements d'une classification : Vaucher, quoique
antérieur (1803), avait déjà publié à Genève une *Histoire
des conferves*. Linné les avait uniquement regardées
comme des substances simples ; Müller est le premier
botaniste qui ait observé leur reproduction dans la

Conferva jugalis. Depuis ces premiers pas, la science a
été enrichie des nombreux travaux de Kutzing, Smith,
Pringsheim, Montagne, du Bary, Thuret, de Brébisson, etc... Les Conferves sont généralement capillaires, fréquemment vertes ; les cellules sont solitaires
ou réunies en filaments ; elles affectent des formes glo-
buleuses, elliptiques, cylindriques, ou ramifiées, c'est-à-
dire qu'on y constate tous les aspects généraux sous
lesquels se présente la végétation. Leur organisation
rudimentaire consiste en tubes membraneux transpa-

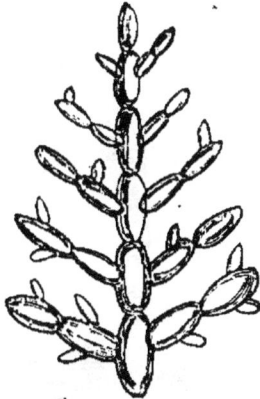

Fig. 176. — *Conferva glomerata* × 100.

rents et élastiques, remplis quelquefois d'une matière
pulvérulente, ou noyés dans une substance mucilagi-
neuse et gélatineuse. Leur reproduction se fait au
moyen de spores que développent les cellules.

Les conferves d'eau douce ne sont pas moins abondantes que celles de la mer ; elles colorent aussi les
eaux des étangs où elles croissent, possédant une certaine faculté de réfraction de la lumière, par un mode in-
déterminé, mais constaté sous le nom de *phycochrome*
(couleur d'algue). Les marais du Schleswig sont teintés

en rouge par l'*Hæmatococcus Noltii*. D'après le docteur
Drunnond, le lac de Glaslough doit sa teinte verte à
l'*Oscillatoria ærugens*. L'eau du grand canal de Dublin
est d'un vert foncé produit par une sorte de *Sphærosira*
(*Trichormus*). L'eau ·de la Seine et celle du canal de
l'Ourcq contiennent, à certaines époques de l'année, une
substance organique brune, due à la décomposition de
végétaux microscopiques.

Les conferves peuvent vivre dans les températures
extrêmes : l'*Amaba thermalis* se plaît dans les sources

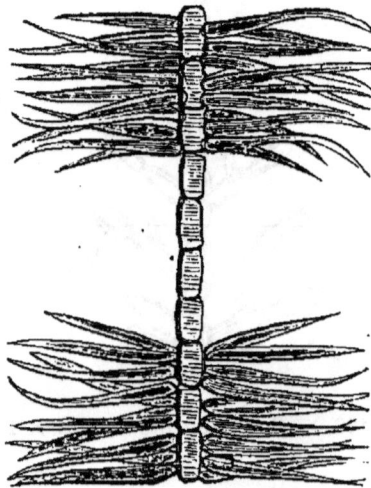

Fig. 177. — Détail d'articles de *Batrachospermum glomeratum* Vauch.
(*Chara batrachospermum* Weis) × 40.

minérales dont l'eau est à 70 degrés au-dessus de zéro.
Les eaux sulfureuses contiennent des conferves spéciales : les *Sulfuraires*. Mougeot, ce savant et infatigable
cryptogamiste, signala dans les eaux minérales de Plom-
bières, d'Aix et de Dax une conferve qui a gardé son
nom, *Mougeotia*. « On l'y trouve nageant à la surface,
où elle forme d'abord des toiles de la plus grande ténuité,

d'un vert pomme passant au bleu, et semblable pour la consistance à des toiles d'araignées; dans cet état, elle enveloppe tous les corps étrangers du voisinage et s'épaissit bientôt à l'entour. D'autres fois elle tapisse le fond des bains, en rampant contre les parois, pour y tisser un tapis muqueux, toujours mince, et d'une couleur charmante. Les rosettes qu'elle forme atteignent jusqu'à 0ᵐ,15 de diamètre. Quand ces conferves subissent des métamorphoses, elles remontent à la surface; il apparaît alors au milieu de la rosette une tache couleur de sang, très-éclatante, de consistance muqueuse et qui s'étend... Cette tache passe ensuite au violet sur les bords, et se fond par ceux-ci avec une auréole du plus beau bleu, développée au pourtour de la rosette. » Ce n'est pas toujours aux corpuscules végétaux tenus en suspension que l'eau doit sa coloration; ils tapissent quelquefois le fond d'une façon assez abondante pour que l'eau s'imprègne d'une teinte générale donnant un reflet de la nature du fond.

Suivant certains observateurs, il n'est pas admissible de regarder les conferves comme constituant une famille unique; les différents auteurs qui les ont étudiées, dans le but d'en tirer des caractères à l'aide desquels ils pourraient établir un système de classification, sont loin de s'accorder sur les bases à adopter; car, à chaque instant, de nouvelles découvertes viennent apporter des modifications dans les travaux précédents. Vaucher en est le premier classificateur; il admet six divisions : *Ectospermées, Conjuguées, Polyspermées, Hydrodictyées, Batrachospermées* et *Prolifères.* Mougeot prit un autre système, et Endlicher les classa suivant leurs formes en 66 genres, 386 espèces, divisées en 7 sections. Ces

déterminations sont souvent des expressions impliquant
une contradiction formelle, car plusieurs conferves ont
reçu des noms différents par les algologues. « Il ne peut
y avoir de système dans la nature, dit Gœthe ; elle est
vivante et renferme la vie, elle passe par des modifications insensibles d'un centre comme à une circonférence
qu'on ne saurait atteindre ; les études sur la nature
sont sans limite, soit qu'on analyse les détails, soit
qu'on veuille, en poursuivant un phénomène dans toutes
les directions, arriver à une idée de l'ensemble. »

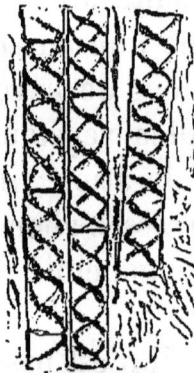

Fig. 178. — *Spirogyra* × 150. Cellules cylindriques entourées d'un
ruban de granules d'endochrome.

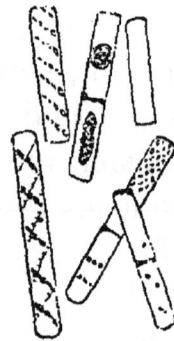

Fig. 179. — Différents modes de répar
tition de l'endochrome.

Prenons les sujets les plus saillants qui vont apparaître
dans le champ du microscope. Ces grands paquets de
mousses verdâtres gluantes ne sont autres que des amas
d'innombrables filaments de *Spirogyra* (fig. 178). Ce
nom, qui leur a été donné par les algologues, provient
de l'observation même de leur forme extérieure. En effet, on voit sur ces filaments, dont on trouve difficilement l'un des bouts, une quantité de petits granules
verts ou ponctuations, réparties en spires sur leur tube

cylindrique, avec une parfaite régularité. Cette étude
produit un joli effet quand on a réussi dans le choix des
Spirogyra; ces tubes enrubannés de guirlandes d'un
beau vert sont fort élégants.

Il est à remarquer qu'ils sont soudés les uns aux autres par les bouts, sans jamais changer de diamètre ; ils
s'emboîtent ainsi à la suite, par l'effet de leur mode de
croissance très-rapide, ce qui explique la longueur fort

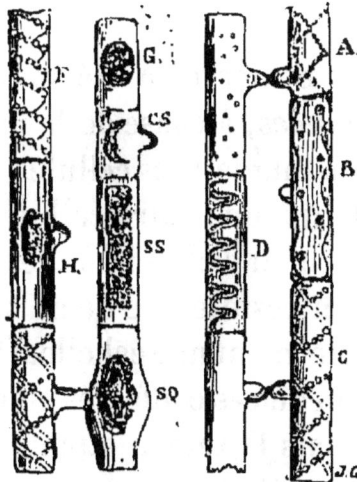

Fig. 180. — Différents modes de répartition de l'endochrome et de la
conjugaison sur les *Spirogyra* × 50.

étendue qu'on constate, sans avoir besoin du microscope. En comparant la proportion d'une tubulure séparée avec la dimension sous laquelle on trouve ces conferves dans les fossés, on peut dire sans exagération
qu'il y a plusieurs centaines, si ce n'est plus, d'articles
ainsi soudés les uns aux autres dans chacun des milliers
de filaments composant le petit paquet de mousse qu'on
peut prendre entre le pouce et l'index.

Cette matière verte a reçu le nom d'*endochrome* (ἐν,

sur; χρῶμα, couleur). Elle paraît être une graine reproductrice et affecte toujours une répartition symétrique soit en paquets, soit en files longitudinales ou
transversales; elle est rarement disposée irrégulièrement.

Examinons les différents états sous lesquels se présentent les *Spirogyra*. La figure 180 montre en A, F et C
les granules alignés en hélice, cas qui est le plus fréquent; en B et en D l'hélice s'est transformée en un
cordon plus compacte ; et en SS la masse d'endochrome
occupe toute la partie médiane du tube ; en CS, elle est
disposée en croissant.

Cette classe de conferves a été aussi nommée *Zygnémées* ou *Conjuguées,* à cause de la particularité remarquable qui les distingue : les cellules tubuleuses et cloisonnées se soudent à une autre cellule voisine au moyen
d'une excroissance ou saillie latérale, qui se l'incorpore
intimement. Il en résulte que deux filaments parallèles
se réunissent en formant une échelle. On a voulu considérer la conjugaison de ces conferves comme une opération
reproductrice, mais l'examen attentif au microscope a
démontré que ce n'était qu'un cas physiologique, provenant directement de la croissance même. Dans la
figure 180, nous pouvons suivre cette formation : il
commence par se produire sur l'axe transversal de la
cellule une petite protubérance ou cornicule H, CS,
qui s'avance comme si elle proposait pareille action à sa
voisine ; il arrive souvent que cette expansion se trouve
ainsi isolée, mais généralement, comme dans les filaments A et C, il naît en même temps sur son correspondant un appendice semblable, très-exactement disposé.
Peu à peu les deux extrémités se soudent, et comme
cela se passe pour toute la longueur, en même temps et

avec une remarquable symétrie correspondante, il en résulte une sorte d'échelle.

Ainsi les conferves s'allongent successivement, mécaniquement, en ajoutant de petits tubes à la suite les uns des autres ; elles se réunissent spontanément en se conju-

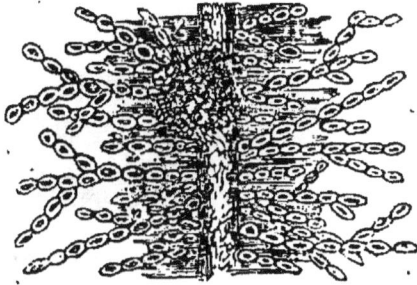

Fig. 181. — Détail des articles du *Batrachospermum moniliformis* × 80.

guant et se propagent par l'émission de milliers de graines imperceptibles contenues dans les taches vertes ou brunes qu'on voit à la surface. Un de ces granules, qui n'a qu'un ou deux centièmes de millimètre, peut

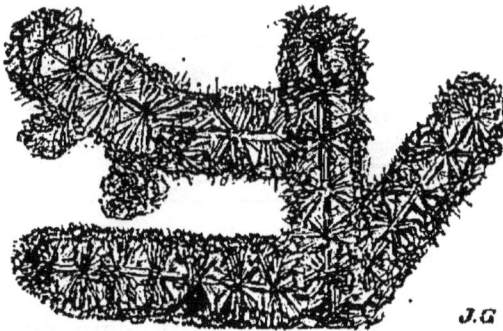

Fig. 182. — Fragment de ramule de *Batrachospermum* × 40.

procréer en quelques jours un filament semblable à celui qui l'a produit. Il n'est donc pas étonnant que, malgré cette infinie petitesse, ils viennent envahir les pièces d'eau et les encombrent ; qui pourrait éva-

luer la multitude de petites conferves de cette espèce!
C'est évidemment une des manifestations les plus énergiques de la force silencieuse dans la vie végétale.

Pour peu qu'on veuille bien encore observer attentivement les plantes microscopiques d'un fossé, on y

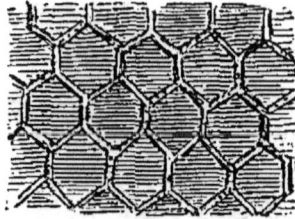

Fig. 185. — Détail d'articles de l'*Hydrodictyon utriculatum* × 150.

trouvera de vraies plantations submergées, dont les
tiges et le feuillage sont mollement étendus dans l'eau.
La vie animale y est aussi active ; des milliers d'infusoires tourbillonnent à travers ces lianes inextricables,
à peine visibles. C'est un monde à part, vivant dans

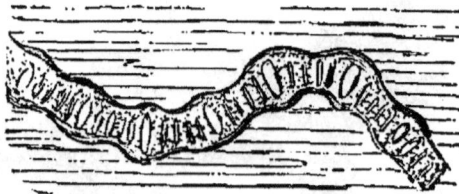

Fig. 184. — *Nodularia spinigera* × 120.

un monde plus élevé. C'est au sein des eaux que la
nature opère ses plus grands prodiges de multiplication
et de fécondité. Le microscope nous montrera les *Hydrodictyées* avec leur taille réticulée comme un filet
fait avec la précision de la machine ; les *Nodulariées*,
petits serpents végétants renflés sur toute leur lon-

gueur; les *Rivulariées*, couvertes d'un bel endochrome
vert; les *Siphonées,* qui ne sont qu'une agglomération
dendriforme de cellules ovoïdes, indépendantes, mais

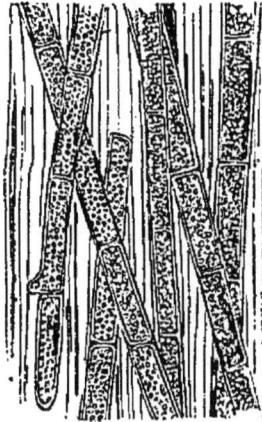

Fig. 185. — Conferve : *Rivularia lobata* × 150.

constituant cependant un petit arbre bien régulier;
ces cellules sont réunies, comme les cristaux se groupent, suivant des lois toujours les mêmes et toujours
géométriques. La nature changeant ainsi les proportions de ses productions les varie autant que dans le

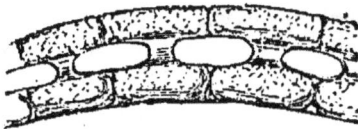

Fig. 186. — Fragment de *Zygnema cruciatum* × 120.

monde supérieur; elle attache plus de soin à leur perfection dans ces limites extrêmes de l'infiniment petit.
Ce monde n'est pas fait pour les êtres d'organisation
supérieure; il semble n'exister que pour donner une
preuve de plus de la puissance de la création.

Les eaux changent d'aspect quand elles contiennent

de petites conferves imperceptibles ; ainsi certains fossés sont en apparence remplis d'une eau pure et transparente, sans aucune matière végétale en suspension ;
ils paraissent foncés comme si le fond était dallé de
marbre noir. Cet effet est dû particulièrement aux *Ba-
trachospermes*, sortes de conferves dont les ramules

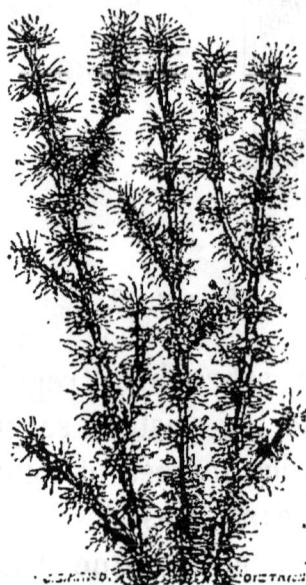

Fig. 187. — *Batrachospermum*
atrum × 40.

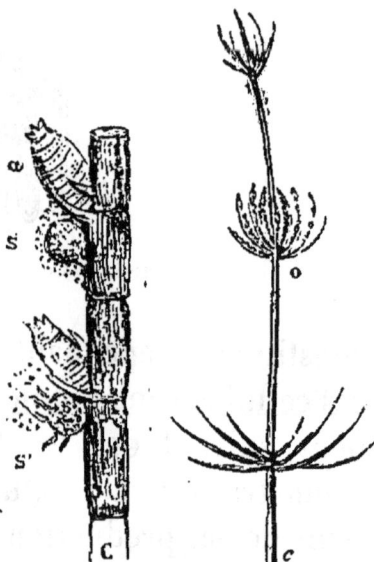

Fig. 188. — *Chara*. Ramule, grandeur naturelle. C. Ramule × 30,
montrant les organes de fructification. S, S' Sporanges. *a*. Anthéridie.

s'étendent jusqu'à $0^m,05$. Le *Batrachospermun atrum*
(fig. 187) est composé d'une tige sur laquelle des séries d'articles viennent se ramifier ; elle est complète-
ment noire, ton exceptionnel dans la végétation, dû
peut-être à une décomposition de l'eau par la plante
elle-même.

Une des plus curieuses plantes qui croissent dans les
eaux stagnantes, c'est le *Chara*, devenu célèbre par les

expériences auxquelles il a servi pour l'étude du phénomène de la circulation de la séve. Le Chara possède
la propriété singulière d'incruster ses ramules de carbonate de chaux. Il décompose
les sulfates de l'eau et transforme le soufre en hydrogène
sulfuré, ce qui a lieu souvent
dans les eaux minérales sulfureuses.

En examinant au microscope
l'extrémité d'une ramule, on
constate de petites agglomérations de cristaux amorphes;
l'élaboration est plus ou moins
sensible, selon que le sujet est
placé dans des conditions de
vigueur, d'exposition et de nature d'eau favorables.
Nous en avons remarqué dans les *entailles* des tourbières des amas si considérables, qu'il aurait fallu plusieurs tombereaux pour les enlever.

Fig. 189. — Incrustations de carbonate de chaux sur l'extrémité
d'une tige de *Chara* × 50.

Les végétaux aériens ont la propriété de transformer
en partie l'air qui sert à leurs fonctions vitales ; il en
est de même pour les plantes aquatiques : elles modifient très-sensiblement l'eau dans laquelle elles vivent.
La transformation est assez complexe, puisqu'il y a une
quantité d'éléments confondus, surtout des détritus,
cause permanente de corruption. L'eau stagnante est
toujours malsaine, non-seulement parce qu'elle tient
en suspension des infusoires, des spores, des conferves,
des principes morbides, mais aussi parce qu'elle est
désoxygénée par la végétation. La foule des animalcules
de toute nature se comporte comme les végétaux, ils

exhalent aussi de l'oxygène sous l'influence de la lumière solaire : preuve de l'étroite analogie qui unit les
deux règnes de la création ; harmonies admirables !

Certaines conferves trop oubliées ne peuvent exister
que dans des eaux spéciales. D'autres ne vivent que
dans les eaux exposées en plein soleil, d'autres dans
les lieux abrités. Dans l'eau privée d'air, telle que celle
des citernes fermées, la végétation est nulle, malgré
les germes introduits. On rencontre des conferves dans
les eaux très-chaudes des sources thermales des Pyré-
nées, mais jamais dans les endroits fermés. La nature
a horreur de l'absence d'air et de soleil.

VI

LES ALGUES GÉOMÉTRIQUES : LES DIATOMÉES

Qu'est-ce que les diatomées? — Quelle place leur assigner dans l'histoire
naturelle ? — Leur croissance parasite. — Nature et constitution organique. — Les diatomées sont composées de silice. — Merveilles de
régularité. — Elles donnent la solution de problèmes de tracé géométrique. — Curieux effets des ondulations. — Développement, croissance, multiplication. — Dépôts géologiques considérables ; nombreux
exemples. — La microgéologie. — Les *tests* pour la micrographie supérieure. — Preuves données par la photographie. — Les Desmidiacées.

En observant les conferves des eaux stagnantes, on
remarque presque inévitablement de petits corps géométriques, soit ronds, soit en forme de rectangle, ta-
chés de jaune. Quelques-uns sont de longues aiguilles,
d'autres s'étendent en rubans striés. Souvent on les
rencontre attachés à des végétations aquatiques comme
des appendices. Ces petits corps réguliers sont des Diatomées, désignation qui leur a été donnée à cause des
lignes tracées sur leur surface (διά, à travers ;
τέμνω, je coupe). Ce nom est peu fréquemment prononcé, même par les botanistes ; les micrographes, au
contraire, reconnaissent les Diatomées comme faisant

partie de leur domaine et en font l'objet d'une étude
spéciale très-attrayante. Elles se rencontrent toujours
mélangées avec des chevelures de conferves filamen-
teuses, des légions d'infusoires, et surtout des matières
étrangères, telles que de la vase ou des grains de sable.
Si l'on veut les examiner avec tout le soin que mérite
leur délicate structure, il est nécessaire de les débar-

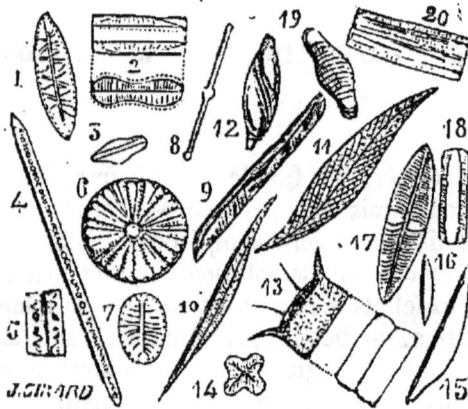

Fig. 190. — Diatomées marines récoltées dans les marais salants. — 1. *Surirella gemma.* 2. *Surirella constricta.* 3. *Navicula subtilissima.* 4. *Nitz-
chia linearis.* 5. *Grammatophora marina.* 6. *Meridion circulare.* 7. *Co-
coneis scutellum.* 8. *Tabellaria fenestrata.* 9. *Pleurosigma ballicum.*
10. *Pleurosigma angulatum.* 11 *Pleurosigma quadratum.* 12. *Amphora
ventricosa.* 13. *Biddulphia Balidjk.* 14. *Odontium Harrissonii.* 15. *Fra-
gilaria virescens.* 16. *Navicula venata.* 17. *Navicula rhomboides.* 18. *Epi-
themia turgida.* 19. *Diatoma grande.* 20. *Humantidium majus.*

rasser de tous les corps étrangers qui les entourent. On
y parvient en faisant bouillir le tout dans une solution
acidulée, que l'on met chauffer dans une capsule en
porcelaine sur la lampe à alcool. Les diatomées étant
plus lourdes tombent au fond sans être désagrégées
par l'acide, et de plus sont débarrassées de ces taches
jaunes d'endochrome et de matières étrangères. Après
plusieurs lavages, elles peuvent être disposées sur une

lamelle porte-objet, fixées au baume de Canada et finalement recouvertes d'un mince verre protecteur. C'est une préparation des moins compliquées.

Au commencement, on est tenté de les regarder comme des cristaux, à cause de leur régularité remar-

Fig. 101. — Conferve aux ramules de laquelle (*a*) sont suspendues des diatomées (*d*) : *Isthmia nervosa* × 20.

quable. Mais on laisse bientôt de côté cette idée, en réfléchissant sur leur structure anatomique et leur groupement sur d'autres plantes. D'autre part, on a été tenté, lors des premières observations, de leur assigner une place parmi les infusoires, à cause de quelques mouvements spontanés. Le célèbre micrographe Ehrenberg les classa dans les infusoires ; le professeur Quekett, qui a relevé la micrographie en Angleterre, penchait également pour cette détermination. Mais depuis, les diatomistes — car il y a un certain

nombre de spécialistes — leur font prendre place
parmi les algues, après les conferves. Elles occupent
par leur petitesse le dernier échelon de la grande famille des plantes aquatiques ; mais l'intérêt particulier
attaché à leur merveilleuse organisation leur assigne
une place importante dans les travaux micrographiques.
On y voit les sujets les plus compliqués, comme les plus

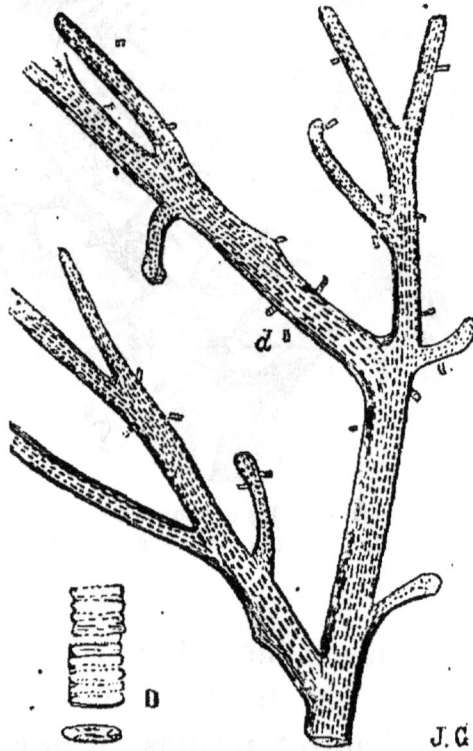

Fig. 192. — Ramules d'une conferve auxquelles adhèrent des diatomées (d
× 20 : *Pleurodesmium Brebissonii.* D. diatomées × 60.

simples ; elles sont parfaitement adaptées aux observations qui ont pour objet le vrai monde des infiniment
petits. Ici encore plus qu'ailleurs, les bases de détermination n'ont pas été choisies d'un commun accord entre
tous les diatomistes ; une des classifications les plus usi-

tées est celle de Kutzing, dont les trois divisions principales sont : les *Striées*, les *Villatées*, les *Aréolées*.

Ces petits sujets, regardés dans les premiers temps

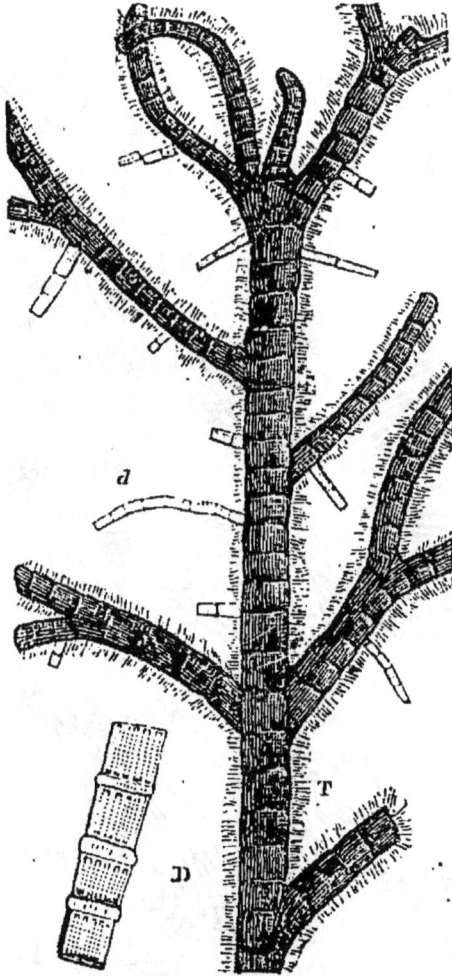

Fig. 195. — Conferves portant des diatomées × 20. T, tige de la conferve.
d, diatomées. D, diatomées plus amplifiées × 80.

comme des « jeux de la nature », constituent une branche
de science toute spéciale, sous le rapport de leur existence, de leur multiplication et de leur structure organique. Dépourvues de tiges, de racines, les diatomées sont

obligées de rechercher appui et protection dans les buissons de conferves avec lesquelles elles existent. La nature les a douées d'une propriété qui fait qu'elles adhè-

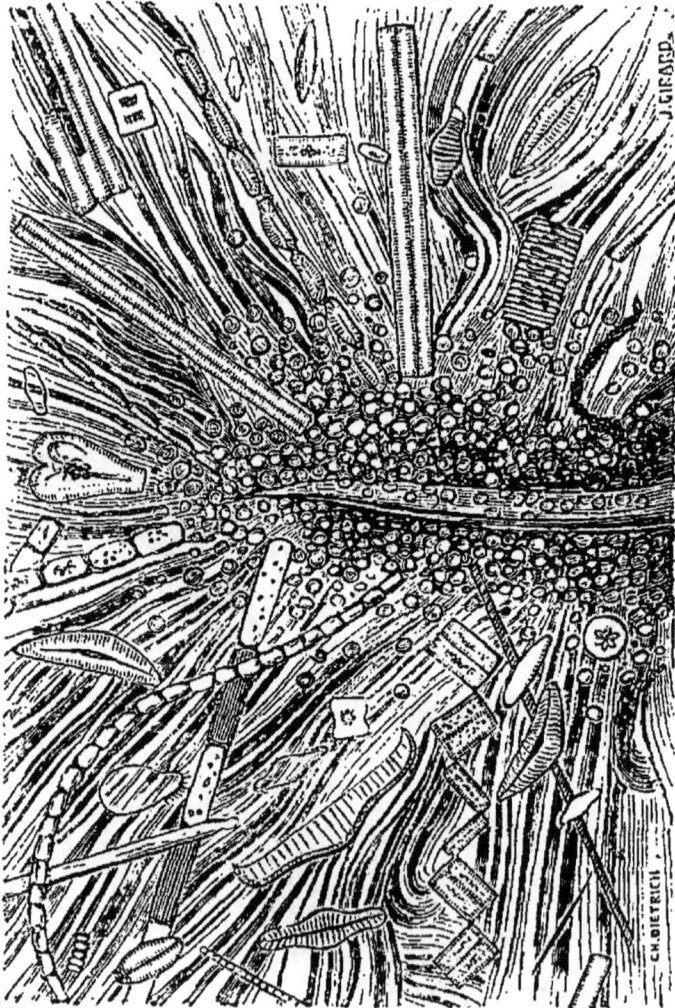

Fig. 104. — Végétations microscopiques, conferves, diatomées, fixées sur l'extrémité d'une tige de roseau × 150.

rent aux ramules de conferves ou aux corps quelconques immergés dans l'eau, au moyen d'une membrane très-petite, à peine visible même au microscope, et cependant assez résistante pour ne pas se laisser entraîner par

le courant, et les causes accidentelles de déplacement de
l'eau. Nous avons cherché à donner dans la figure 194
une idée de la façon suivant laquelle elles sont groupées, attachées, enchevêtrées dans les conferves ; c'est
à peu près ainsi qu'elles s'offrent à la vue dans les observations directes, quand on n'a eu recours à d'autre
préparation que le soin de déposer sur le porte-objet une
petite touffe de conferves, prise au hasard dans le flacon
où elles ont été recueillies. Il peut y avoir autant de variétés de dispositions qu'il y a d'observations faites.
La tige de roseau du centre de la gravure est la base de
toutes ces plantes confervoïdes, des globules ou algues
unicellulaires, des filaments divers, et des diatomées répandues dans ce chevelu.

Les diatomées n'ont aucune ressemblance avec les
autres végétaux ; elles se rapprochent beaucoup des conferves, quoique douées d'une organisation toute spéciale. Smith les définit ainsi : « Plantes d'une frustrule,
consistant en une cellule uniloculaire, investie d'un
épiderme bivalve et siliceux ; la reproduction se fait par
conjugaison et formation de sporanges. » Leur nature
silico-gélatineuse est démontrée par la résistance
qu'elles offrent aux réactifs ; les conferves, bouillies
dans l'acide, seraient complétement désagrégées ; il
n'en resterait plus rien. Les professeurs Frankland et
Smith ont trouvé par l'analyse une certaine quantité
de fer à l'état de silicate ou de protoxyde dans leurs
cellules siliceuses, « d'où vient probablement la couleur jaune ou brune de ces organismes, » sous l'effet
de la teinture d'iode : ce qui amènerait à supposer
qu'il y aurait dans ces végétaux une substance ternaire,
semblable à celle qui forme une des bases du tissu

végétal. Les diatomées affectent les formes les plus
diverses sans sortir du caractère géométrique, évidemment leur principe de construction. Le microscope
traduit, pour certains sujets, les reliefs par l'impos-
sibilité de mettre exactement au point les détails su-
perficiels; les forts grossissements qu'elles exigent
concordent difficilement avec certaines protubérances.
Quelques-uns de ces diatomistes consciencieux, admi-
rateurs passionnés de l'œuvre de la végétation, ont
poussé la patience jusqu'à faire des modèles en plâtre
des principales diatomées.

La régularité est le principal caractère auquel on
les reconnaît. Les figures géométriques qu'elles décrivent sont parfaites; les *Discoïdes*, par exemple, ont toujours un cercle exact; celles qui sont granulées ont leurs
protubérances ou ponctuations invariablement alignées
selon des directions symétriques. La précision des détails est leur caractère essentiel; elle est surtout frappante dans les diatomées marines, plus belles, plus
grandes que celles d'eau douce, où les milliers de cellules de leur valve sont toutes disposées avec autant
d'exactitude qu'aurait pu le faire avec soin un dessinateur scrupuleux. Parmi les vingt ou trente mille cellules d'un centième de millimètre au plus, sur un
sujet qui, à l'œil nu, n'est pas plus visible qu'une
piqûre d'épingle sur le papier, il n'y en a pas une
seule située hors de sa place mathématique! Ainsi
telle espèce de discoïde comportant une quantité de
rayons invariables, le nombre des cellules intermédiaires restera constamment le même chez les générations subséquentes. Les cellules hexagonales, comme
dans les gâteaux de cire des abeilles, sont réparties avec

une méthode digne d'exciter une haute admiration par leur tracé : dans les *Triceratiums* triangulaires, rectilignes ou triangulaires sphériques, on trouve la solution d'un problème de tracé géométrique fort embarrassant, pour ceux-mêmes qui sont bien familiarisés avec les difficultés du trait. Afin d'atténuer la différence produite inévitablement sur une surface gauchie entre la position de la cellule centrale et celle de la périphérie, toutes devant conserver leur projection normale, la nature a fait, avec une précision digne de remarque, un réseau

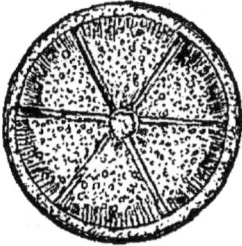

Fig. 195. — Diatomée discoïde :
Actinocyclus.

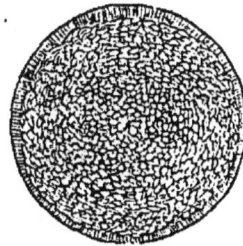

Fig. 196. — Diatomée : *Coscinodiscus* × 80.

compensateur dans lequel toutes les cellules-intermédiaires sont modifiées, diminuées, proportionnées, sans que l'apparence générale en soit nullement troublée. Cette précision même est telle, que, dans quelques endroits où l'hexagone ne pourrait se raccorder à cause de l'irrégularité de la dégradation, il est remplacé par un pentagone compensateur.

Certaines diatomées sont, en quelque sorte, une leçon de géométrie descriptive, une épure de tracé, un problème de projections : leur surface ondulée ne permettant pas de mettre au point avec une égale précision les différents plans qu'elle offre dans un même ensemble, il en résulte des pseudo-dégradations par le

manque de netteté, cas fréquent dans les fortes ampli-
fications nécessaires à cette étude. Ainsi les *Amphi-*

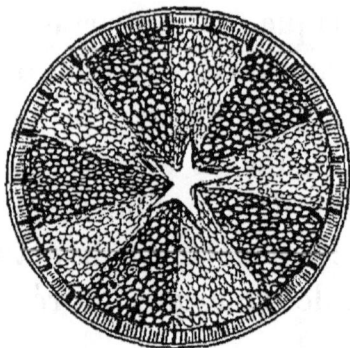

Fig. 197. — Diatomée discoïde régulière : *Heliopelta* × 250.

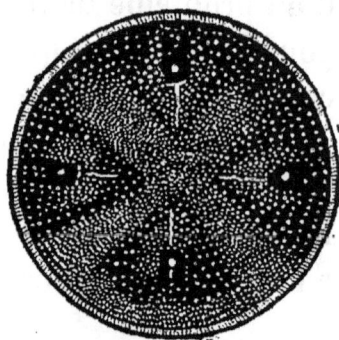

Fig. 198. — Diatomée ondulée : *Aulacodiscus Brigwilii* × 150.

theatras, les *Heliopelta* (fig. 197), les *Campylodiscus*
(fig. 200) ne donnent qu'un plan net : les autres sont
tellement confus, qu'il est difficile de les débrouiller

Fig. 199. — Diatomée : *Hydra-
sera triquetra* × 200, vue
dans les deux projections.

Fig. 200. — Diatomées du genre *Campylodiscus* × 100. A. *C. costatus*. B. *C. spiralis*. C. *C. clypeus*.

par un seul examen ; ce n'est que successivément, en
étudiant chaque détail séparément, qu'on arrive à se
former une idée de la structure de l'ensemble. Ceci
donne lieu à des effets singuliers : un beau Discoïde,

l'*Aulacodiscus* (fig. 198), présente huit ondulations symétriques par rapport au centre, comme un rond de carton qu'on aurait fait gauchir régulièrement par l'humidité. En mettant au point le plan supérieur, on obtient une croix confuse avec des intermédiaires de ponctuations groupées selon un certain axe ; en mettant au point sur le plan inférieur, l'effet est alterné et la physionomie intervertie.

Ces algues étranges ont de nombreux points de ressemblance avec celles que nous avons vues précédemment. Le mode de multiplication est d'accord avec le procédé employé par ces dernières, c'est-à-dire « la division de la cellule interne, provenant probablement du dédoublement de la cloison membraneuse, et par conséquence la séparation de l'endochrome. » (Thwaites.) Les cellules se trouvent chez quelques-unes adhérentes côte à côte ou par un angle ; une membrane imperceptible les réunit avec solidité. Au premier aspect, quand on voit tous ces étranges petits corps suspendus aux ramules des conferves, on serait tenté de les prendre pour un fruit ou un produit quelconque émanant d'un arbre en miniature. Ces conferves diatomifères n'ont aucun rapport avec les parasites qui ont choisi leurs ramules pour s'y suspendre ; ce n'est que l'effet du hasard, ou mieux un sentiment instinctif inné dans les diatomées, comme dans les végétaux supérieurs, qui les porte à choisir les endroits les plus propices à leur développement.

Les moyens mis à la disposition des chercheurs dans le monde des infiniment petits ne permettent pas de discerner organiquement quelle est la véritable composition de l'endochrome, matière prolifère supposée. Il

est cependant un fait certain : c'est celui de la dispersion
à maturité ; les granules imperceptibles devenus libres
s'échappent dans l'eau, jusqu'à ce qu'ils soient fixés dans
un lieu convenable à leur développement. On constate

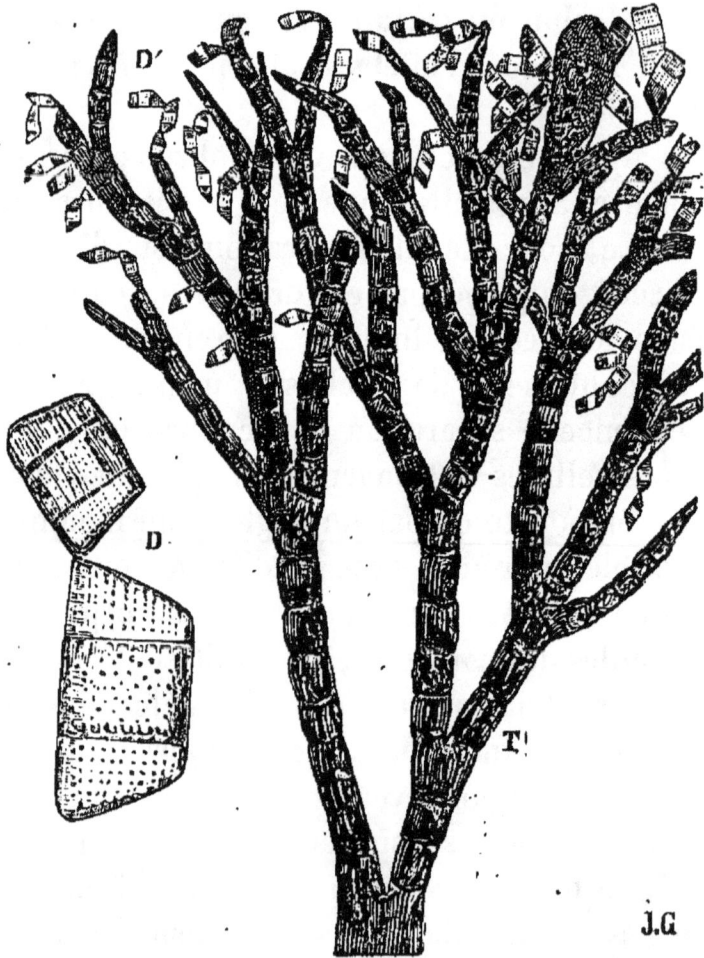

Fig. 201. — Diatomées adhérentes aux ramules d'une conferve (D').
T. Tige. D. Diatomée : *Isthmia nervosa* × 500.

ainsi la multiplication d'abord par une graine, représen-
tée par les granules d'endochrome, comme dans le reste
du règne végétal; en second lieu, multiplication par frag-
mentation ou propagation d'un sujet par un autre sujet.

17

directement, règle également en vigueur dans les plantes
émettant des racines adventives. Ces caractères rapprochent les plus infimes végétaux de ceux de l'ordre le
plus élevé. Pendant leur période d'existence, les diatomées se multiplient en quantité considérable ; le déta-
chement est continuellement répété, les deux frustules
se subdivisent chacune en deux autres, et ainsi de suite.
Thwaites a eu la curiosité et la patience de déterminer

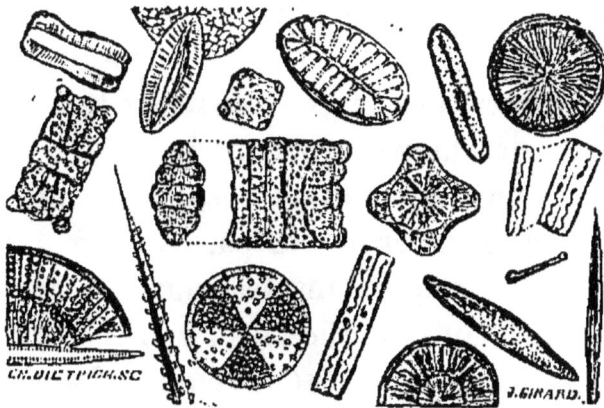

202. — Diatomées récoltées sur un *Fucus vesiculosus* × 80.

le temps demandé par un simple acte de subdivision ;
il l'estime à vingt-quatre heures, ce qui, par la multiplication d'une frustule unique, donne environ un
million par mois, calcul qui explique l'accroissement
en apparence subit dans certaines circonstances. Combien y en a-t-il au fond d'un fossé où la moindre parcelle de détritus recueillie en contient une grande
quantité ?

La nature siliceuse de la carapace des diatomées leur
a permis de se conserver intactes dans les couches géologiques inondées au moment de leur formation. Aussi
on retrouve des preuves évidentes du séjour des eaux

dans des dépôts recouverts aujourd'hui d'épaisses couches de terre. Berlin repose sur une tourbe argileuse de 7 à 20 mètres de hauteur, composée de débris de diatomées. Le lit inférieur de l'Elbe, jusqu'au-dessus de Hambourg, est encombré de vases auxquelles sont mélangées des dépouilles organiques microscopiques. A Wismar (Mecklembourg-Schwérin), il se dépose par an 640 mètres cubes de corps siliceux analogues aux diatomées. En 1839, on a retiré du bassin du port de Swinmunde, à l'embouchure de l'Oder, 90,000 mètres cubes de vase, dont le tiers se composait d'organismes microscopiques. Ces êtres vivent sous tous les climats ; les limons des fleuves en charrient des milliards ; les vases de la mer Noire et du Bosphore contiennent jusqu'à 45 espèces déterminées par le micrographe Ehrenberg. On en a trouvé dans les eaux qui avoisinent les glaces du pôle antarctique ; les rizières et les marais salants de tous les pays en sont remplis. Dans la Georgie, dans la Floride, des vases diatomifères forment des bancs d'une étendue considérable. Des organismes microscopiques ont aussi été découverts dans le sens vertical, résultat probable du séjour des eaux à des époques préhistoriques. On signale les diatomées par couches prodigieuses : la ville de Richemond (Virginie) est bâtie sur un lit de leurs débris, qui a 6 mètres d'épaisseur (Smith). Dans l'île de Mull (Écosse), le lac Boa, dont le fond desséché appartient à la période jurassique, a fourni au professeur Gregory 130 pièces nouvelles.

Le tripoli, connu depuis bien longtemps dans les arts par son emploi sous forme de poudre pour le polissage des métaux, est formé d'un amas de diatomées. On en a extrait, entre autres dépôts, à Bilin, en Bohême,

où une seule couche s'étend sur une large surface de
plus de 40 mètres d'épaisseur : ce dépôt n'est qu'une
accumulation incommensurable de corpuscules siliceux
de navicules! Les innombrables angles aigus des cara-
paces siliceuses, en râpant les surfaces métalliques, leur
donnent le poli.

Les dépôts fossiles de Bohême et de Planitz (Saxe) pro-

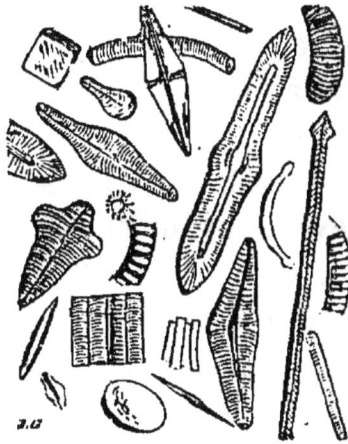

Fig. 205. — Navicules du tripoli.

viennent de l'eau douce ; mais dans le tripoli d'autres
contrées, dans celui de l'Ile de France, par exemple,
les espèces sont marines et toutes appartiennent aux formations de l'époque tertiaire. Ainsi, au moyen de la
détermination de la faune des fossiles microscopiques
que l'on rencontre, on peut préciser la nature des al-
luvions et en tirer des déductions importantes pour la
stratigraphie.

On a aussi découvert que le guano renferme une
grande quantité d'espèces remarquables et très-élé-
gantes de formes ; cela ne prouverait-il pas que les oiseaux, ou autres animaux marins à qui sont dus ces
amas d'engrais, se nourrissaient d'herbes marines sur

lesquelles ces délicates diatomées étaient fixées? Leur
nature siliceuse les a protégées contre toute détérioration ; enfouies dans ces amas ammoniacaux depuis les
temps géologiques, elles ressortent aujourd'hui à nos
yeux dans un état de conservation parfaite.

La micrographie s'attache avec une certaine prédilection aux diatomées ; elles sont un genre d'étude très-
intéressant par le rôle important qui leur est attribué
dans la micrographie supérieure. Les diatomophiles
peuvent y admirer leur infinie délicatesse, où se manifeste l'organisation des êtres les plus infimes. Comme
elles offrent des graduations d'obstacles divers à la per-
ception nette avec des objectifs très-forts, certaines
d'entre elles sont devenues des types choisis pour l'essai
et l'expérimentation des plus puissantes combinaisons
lenticulaires. Les diatomées ainsi choisies à titre d'essai
ont reçu le nom de *tests* (épreuves), dénomination an-
glaise qui leur a été conservée. Les unes ont, dans leur
régularité symétrique, des arêtes et des proéminences
striées que ne peuvent rendre visibles nettement que
de très-bons objectifs ; d'autres même ont des stries
qui n'ont pu encore être appréciées qu'approximative-
ment. La texture des frustules offre des reliefs assez
forts pour que plusieurs plans paraissent confus, à
cause de leur transparence capricieuse et de l'irisation
de quelques-unes.

Quelques sujets sont choisis particulièrement comme
tests courants par les opticiens-constructeurs, qui es-
sayent quotidiennement leurs objectifs sur les plus
parfaites, sur celles dont les cellules, les stries ou les
protubérances sont les plus régulières et la valve plus
plane. Les *Pleurosigma* sont fréquemment usités,

(*P. angulatum*, *P. quadratum*, *P. attenuatum*, *P. hip-pocampus*, *P. decorum*, etc.). Chacun d'eux, où les micrographes habiles et exigeants s'étudient à découvrir les protubérances ou les stries, ne représente pas à l'œil nu la plus légère pointe d'aiguille ; les objectifs dont on fait usage pour la recherche de leurs caractères ont une lentille frontale dont le diamètre n'excède pas le quart d'un demi-millimètre. Certes, s'il y a du mérite pour l'observateur à découvrir des subtilités, le constructeur a aussi sa part dans les éloges dus aux observations et à la résolution des *tests*.

Voir distinctement ces diatomées merveilleusement organisées ne serait pas suffisant pour fixer une étude de telle précision ; on demande alors à la photographie, son irréfutable authenticité dans cette constatation légale. Elle accuse alors ce que le dessinateur le plus habile ne saurait faire ; elle donne une représentation des moindres caractères de la structure organique. On pousse de la sorte les expériences jusque dans leurs limites extrêmes, au prix d'installations compliquées, de patientes investigations. Les sujets totalement invisibles sans microscope se photographient ainsi avec des grossissements de mille diamètres et plus ; ils atteignent alors des dimensions de 5, 10, 15 centimètres, suivant leurs proportions respectives. On comprendra sans difficulté quelle excellence, quel soin il est nécessaire d'apporter dans l'appareil optique, pour ces expériences de micrographie pure ! Ainsi des discussions se sont élevées au sujet des stries garnissant la surface des valves ; les uns prétendaient qu'elles ressemblaient purement à des côtes, qu'elles n'étaient que de simples saillies ; les autres soutenaient qu'elles

étaient composées de files de petites perles, invisibles
même avec les plus puissants objectifs. On avait ainsi
mis en cause la *Surirella gemma;* elle présente des
lignes rayonnant de la nervure médiane à la périphérie.
M. le docteur Woodward, de Washington (U. S.), en fit
une merveilleuse épreuve photographique au moyen
d'un grossissement de 4500 diamètres, un des plus

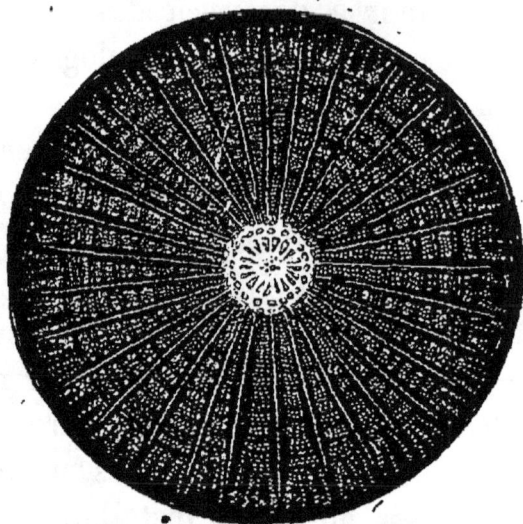

Fig. 204. — Diatomée discoïde : *Arachnoïdiscus* × 100.

forts obtenus, avec lequel on discernait très-nettement
ces rangées de perles contestées. Avec le secours de la
photographie, on acquiert une conviction intime de la
forme des diatomées et de leur structure; on discerne
facilement leurs cellules, on peut en compter plus de
50 000 sur un *Arachnoïdiscus*, plus de 100 000 sur
d'autres *Discoïdes* compliqués; et cela par un simple
calcul de surface.

Maintenant que ces végétaux d'une extrême petitesse
sont connus, il faut placer à côté les *Desmidiacées,*

classe non moins curieuse, ayant une grande analogie
avec les diatomées, auxquelles elles empruntent leur
régularité caractéristique. A cause de leur ressemblance
encore plus prononcée avec les protophytes, elles avaient
aussi été classées comme animalcules infusoires ; mais
on en a ensuite fait une classe spéciale, prenant rang
immédiatement près des diatomées. Comme toutes les
plantes confervoïdes, elles vivent aux dépens des éléments inorganiques, et se reproduisent comme elles :
« La reproduction des desmidiacées, dit M. de Brébisson,
a lieu au moyen d'un sporange arrondi, lisse ou épi-
neux, formé par la centralisation de l'endochrome,
résultant de la conjugaison de deux individus. Cette
action s'opère au point de soudure des hémi-stomates
géminés ; elle a la plus grande analogie avec celle des
Zygnémées, qui, comme les *Desmidiacées*, n'admettent
point de *zoospores*. » Suivant l'auteur précité, elles se
reproduisent aussi par *déduplication ;* au point d'écartement « reparaît de chaque côté un appendice qui, par
son accroissement progressif, prend la forme de l'hémi-
stomate auquel il est accolé, de sorte que deux individus complets résultent de cette division ; il y a alors
réduplication. Dans les individus filamenteux, les corpuscules ne s'isolent point, mais la réduplication ayant
lieu également, le filament s'allonge en raison des hémi-
stomates nouvellement développés. » On retrouve là
encore ces longues files de chapelets d'individus suspendus à la suite les uns des autres. Les deux frustules
restent aussi jointes, comme dans le *Micrasterias denticulata.*

Ce mode de multiplication par scission naturelle n'est
pas particulier à quelques conferves. La lentille d'eau

(*Lemna*), selon les études faites par M. Coste, se reproduit rarement par graine ; ces petites folioles qui recouvrent les pièces d'eau d'un si beau tapis vert se dédoublent dans l'espace de vingt-quatre heures, et chaque plante nouvelle peut à son tour se partager en deux, de

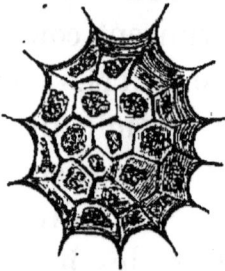

Fig. 205. — Desmidiacée avec petites masses d'endochrome dans les cellules (*Pediastrum ellipticum*) × 250.

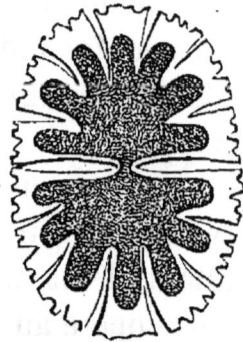

Fig. 206. — Desmidiacée : *Micrasterias denticulata* × 300, sur laquelle l'endochrome est réparti symétriquement.

manière à donner successivement deux, quatre, huit, seize, trente-deux individus. Plus on connaît ces imperceptibles végétaux, plus leur vie mystérieuse invite à admirer la prodigieuse puissance qui dirige toutes les évolutions du monde des infiniment petits ! « L'étude de la nature porte à l'âme une nourriture qui lui profite, en la remplissant du plus digne objet de ses contemplations. » (J.-J. Rousseau.)

VII

CONFUSION DE LA VIE VÉGÉTALE AVEC LA VIE ANIMALE

Embarras dans les rapprochements des formes de la vie. — Croyances et préjugés anciens. — Les animaux-plantes ; les zoophytes ; l'éponge. — Mouvement des végétaux. — Motilité des conferves et algues microscopiques. — Causes probables de cette motilité. — Mouvement brownien. — Où commence la vie végétale ? — Phénomènes sanglants. — La neige rouge. — La neige verte.

Dans le courant des observations microscopiques relatives aux différentes branches de la botanique, on est souvent frappé de la confusion qui semble exister entre la vie dite végétale et la vie animale latente. Les animaux et les végétaux présentent, sous certains rapports, des analogies telles, qu'il n'est pas possible, dans beaucoup de circonstances, d'établir une ligne de démarcation bien tranchée entre les deux règnes.

En micrographie spécialement, où les déterminations catégoriques échappent parfois à l'œil et au jugement du plus scrupuleux investigateur, on est souvent fort embarrassé ; le seul moyen d'éviter les conjectures que soulève chaque observation particulière est de se rapprocher du dogme de la science et de laisser la spécu-

lation philosophique; d'admettre les lignes de démarcation établies par les études préalables et reconnues
comme les plus généralement acceptables. La vie existe
dans les deux règnes, elle ne diffère que par sa forme;
les faits dont elle est composée sont-ils effectivement
analysables? Quelle définition satisfaisante peut-on se
vanter de lui avoir donnée? On s'est lancé dans l'abîme
sans fond des conjectures, sans en retirer aucune solution. *Quis potest rerum cognoscere causas?* Libre de
tout préjugé, ne vaut-il pas mieux reconnaître dans la
nature l'observation exacte des faits, parcourir le vaste
champ de la science, en cueillant des fleurs? Les matériaux toujours à notre portée s'offrent de toutes parts;
ils frappent l'imagination par leur hardiesse et leur sin-
gularité.

Les anciens croyaient que certaines plantes possé-
daient la faculté de se changer en animaux. Oléarius,
dans son voyage en Moscovie, dit avoir vu le *Borametz*,
plante grosse comme un concombre et qui ressemble
à un agneau. « Il semble qu'elle ronge toutes les herbes
d'alentour; quand elle est mûre, sa tige se dessèche
et son fruit se couvre d'une peau velue, qui sert de
fourrure après qu'on l'a préparée. » D'autres voyageurs rapportent avoir vu ce fruit merveilleux; il était
élevé sur une haute tige ayant quatre pieds, deux
cornes de laine, deux yeux et une queue; les paysans
de Moscovie croyaient que ce fruit était un animal vivant, dormant le jour sur sa tige, et descendant la nuit
pour brouter l'herbe, qui est sèche et déracinée autour
de lui. « Sa chair est semblable à l'ambroisie, son sang
est rouge et préférable aux plus excellents vins; et si
ce fruit pouvait marcher et demander du secours contre

les loups qui viennent le dévorer, on pourrait dire qu'il
est un véritable agneau et que toutes les collines de ce
pays sont couvertes de moutons en vie. » Suivant certains auteurs, ce Borametz aurait donné naissance à la
fable de la Toison d'or, et la liqueur de son fruit aurait
été pour Éson une fontaine de Jouvence.

Le temps du merveilleux et des erreurs populaires a été
remplacé par celui de l'observation et de l'expérience
scientifique; mais les problèmes sont tellement compliqués, qu'on se laisse égarer malgré soi dans le champ des
hypothèses, quand on voit les caractères de la plante et
de l'animal si étroitement confondus. L'étude des zoophytes microscopiques a révélé des faits remarquables,
tenant à première vue du surnaturel et qui, après avoir
été l'objet d'interprétations diverses de la part des naturalistes, sont passés dans la littérature populaire, revêtues de formes le plus souvent fantastiques. Suivant l'in-
terprétation, c'est un animal stationnaire semblable à la
plante, qui donne naissance à une couvée vivace d'animaux agités d'un mouvement perpétuel; c'est un long filament qui a des mouvements spontanés ; tout cela est extraordinaire et rempli de mystère, sans aucun doute; et
cependant le simple exposé et l'explication rationnelle des
phénomènes naturels sont loin d'être moins surprenants.
Le zoophyte est un animal dans lequel la vie végétative
prédomine, lorsque à l'état parfait il est stationnaire
comme la plante. Il présente, dans la majeure partie des
cas, une imitation fidèle de la forme et de la disposition
générale des principes constituants de la plante. L'anatomie de cette classe du règne animal se fait remarquer
par la répétition indéfinie d'éléments semblables, tendance caractéristique évidente du règne végétal et signe

invariable du degré inférieur de l'être organisé. Le
zoophyte a des bourgeons ; et la plante a aussi ses
bourgeons à feuilles et ses bourgeons à fleurs. Les deux
organismes, bien qu'appartenant à deux règnes distincts de la nature, sont non-seulement rapprochés
par la similitude de leur aspect extérieur, mais encore
par une certaine analogie dans les fonctions de la vie.

La place que l'on doit assigner aux éponges a fréquemment été un sujet de contestation ; plusieurs clas-

Fig. 207. — Spicules d'éponge × 70.   Fig. 208. — Spicules d'éponge × 70.

sificateurs les ont placées dans une région particulière,
celle des *amorphozoaires*. Elles n'ont de l'animalité,
dans leur organisation dégradée, que la reproduction
de corps semblables à des œufs donnant naissance à
des larves ciliées. Vers le mois d'avril, l'éponge se couvre de germes arrondis, jaunâtres ou blanchâtres, d'où
naissent des embryons en forme d'œufs granuleux, munis vers leur gros bout de cils vibratiles. Ces singuliers
œufs animés ne tardent point à former des essaims de
larves, qui nagent autour de l'éponge mère avec des
mouvements doux et réguliers ; elles s'élèvent peu à
peu à la surface de l'eau et cherchent un endroit favo-
rable où elles puissent se fixer. Dès qu'elles ont fait
leur choix, elles se laissent tomber, leurs nageoires

s'atrophient et les voilà fixées peut-être pour des siècles. Dans la substance des éponges d'eau salée, on voit avec le microscope des filaments très-minces, qui renferment les granules ; ce sont les *spicules* (fig. 207 et 208), corps très-variables dans leur conformation, tantôt en aiguilles, tantôt étoilés, parfois très-compliqués, dont on ne sait pas encore bien la fonction[1].

Il a été reconnu que les végétaux supérieurs accomplissent dans certaines circonstances des mouvements lents, mais analogues à ceux qu'exécuterait un animal d'ordre inférieur, tel qu'un zoophyte ; les fleurs aussi ont leurs étamines qui s'infléchissent vers le pistil, pour accomplir la fécondation ; on remarque dans l'ensemble de leurs fonctions une tendance générale à la motilité ; ainsi elles se tournent du côté d'où viennent l'air et le soleil ; elles se fixent ou se dégagent ; les vrilles de la vigne recherchent instinctivement toutes les aspérités auxquelles elles pourront s'accrocher. Il n'y a pas de

---

[1] Sur les limites extrêmes de la vie animale, on rencontre quelquefois de singulières productions. Ainsi les *mouches-feuilles* sont de véritables insectes orthoptères, présentant l'aspect d'une véritable feuille. L'œil le plus attentif peut à peine distinguer sur les rameaux de l'arbuste l'insecte qui en reproduit absolument la feuille ; la nature a même armé les pattes de l'animal d'expansions foliacées ajoutant encore à l'illusion. Certaines parties du corps de cet insecte sont comme desséchées ; elles prennent une couleur de rouille, qui achève de tromper les yeux cherchant à distinguer les mouches au milieu des feuillages. Leurs ailes complètent ces singuliers animaux, sans altérer leur ressemblance avec les feuilles ; elles empruntent au goyavier, arbre dont l'insecte reçoit sa nourriture, la couleur et la forme de ses feuilles. Ces insectes ont été plusieurs fois importés des Seychelles en Europe ; la Société d'acclimatation en a reçu des spécimens. Des naturalistes voyageurs rapportent qu'en Chine il existe une plante, le *Hias-taa-tom-chom*, nom signifiant que pendant l'été elle est un végétal, et que pendant l'hiver elle devient ver. Si on la considère de près vers les derniers jours de septembre, rien en effet ne simule mieux un ver jaunâtre, long de $0^m,15$, sur lequel apparaissent des organes animaux bien distincts.

mouvement propre dans cette action lente et propor-
tionnée aux développements de la végétation; elle ne
peut être considérée que comme une conséquence spontanée des fonctions végétales ou tout au plus de l'évolution des plantes. Mais dans les algues microscopiques
le mouvement est réel; quoique infiniment petites,
elles accomplissent des phases qui passent à nos yeux
pour une motilité proprement dite.

Dans la plupart des observations du contenu de l'eau
stagnante, on voit non-seulement de petits infusoires
exécuter des mouvements très-rapides, mais aussi des
conferves animées. Chez quelques-unes, telles que
l'*Œdogonium*, la matière reproductive qui recouvre
leur surface, l'endochrome, a la propriété de se dissoudre en une infinité d'infusoires ciliés, qui se met-
tent à tournoyer avec une grande rapidité dans la goutte
d'eau disposée sur le porte-objet. Le *Volvox globator*
est une conferve en forme de boule, donnant naissance
à des infusoires ressemblant beaucoup aux monades;
pendant la première époque de son existence, cette conferve est inerte; pendant la seconde, la surface se peu-
ple d'infusoires qui s'échappent dans l'eau. Les filaments précédemment décrits sous le nom de *Spirogyra*
comportent une espèce particulière, nommée *oscilla-
toire*, à cause de la propriété qu'elle possède d'exécuter un certain mouvement pendulaire. Observée en
premier lieu par Vaucher, ensuite par Harvey, elle a
excité les commentaires des naturalistes philosophes.
Les mouvements sont composés à la fois de reptation
et d'oscillation de droite à gauche; quelquefois encore
ils paraissent être une translation particulière, avec
progression hélicoïdale. Cette expérience demande du

soin : afin de ne pas mettre les sujets examinés en contact avec un corps étranger, il faut les laisser flotter librement dans le liquide ; car le mouvement cesse à la moindre perturbation. Les effets alternatifs d'oscillation ne sont pas la seule manière suivant laquelle la vie végétative a des points de contact avec l'animalité indéfinie.

Ainsi un corpuscule fort semblable à toutes les algues unicellulaires, l'*Euglena*, a un mouvement rotatoire de gauche à droite, avec progression en spirale, sans jamais intervertir son mode d'évolution dans un sens contraire. Dans la classe si abondante des *Diatomacées*, on a des exemples fréquents de motilité non équivoque. Ainsi les *Navicules* particulièrement sont douées d'un mouvement de progression, en rapport avec celui de certains infusoires : ce qui les a fait classer longtemps parmi ceux-ci. Cette motilité est toute différente de celle des *Oscillatoires* ; ce n'est plus la simple agitation d'un filament, puisqu'elles sont totalement indépendantes ; elles ont même un certain instinct élémentaire, qui leur fait éviter les obstacles situés sur leur trajet. Elles se meuvent dans le sens de la longueur, direction à laquelle elles doivent la dénomination qu'elles portent. Lorsqu'il y en a un grand nombre sur le porte-objet, on les voit se mouvoir toutes dans des directions différentes, preuve évidente qu'on n'est pas le jouet d'une illusion produite par un courant du liquide dans lequel elles sont baignées.

On était porté à croire que plusieurs de ces algues microscopiques étonnantes sont végétales à certaines époques de leur existence, et animales dans d'autres ; on appuyait cette supposition sur la production d'animaux procréés par les végétaux, comme cela a lieu, dans d'autres proportions, pour les anthérozoïdes des mousses et des algues de plus grande taille. Ces deux métamorphoses procèdent l'une de l'autre par des phénomènes réguliers et concomitants.

Il peut y avoir, dans ces différentes périodes d'existence, transition de la vie végétative à la vie animale ; une cause inexpliquée produit la réaction ou la provoque ; ce n'est pas la plante qui est devenue animée d'elle-même, elle n'a fait qu'émettre un animalcule infime, jouissant d'une certaine indépendance de mouvements, mais la durée de cette existence, moins qu'éphémère, est-elle une preuve suffisante qui autorise l'hypothèse d'un globule tournoyant à une place assignée ? La motilité de certaines conferves, et en particulier des *Navicules*, paraît coïncider avec l'époque où l'endochrome acquiert son plus grand développement ; elle n'existe plus dès qu'il est désagrégé. A une basse température, les Navicules semblent tomber en léthargie, pour ne reprendre leur vigueur qu'à quelques degrés au-dessus de zéro. Cette circonstance laisserait supposer que la spontanéité de mouvement ne serait autre chose qu'une fermentation végétale, s'opérant dans l'endochrome. Selon A. de Brébisson, elle aurait pour principe un phénomène d'osmose ou d'endosmose, phénomène auquel on peut rapporter plusieurs mouvements de fluides granulaires et une grande partie de ceux qui sont exécutés par les conferves.

Nous avons vu précédemment que les grains de chlorophylle pouvaient changer de place, exécuter certaines évolutions lentes sous l'influence de la lumière. Depuis longtemps, R. Brown a démontré qu'il se produit

18

un certain déplacement granulaire toutes les fois que des corpuscules, même de nature inorganique, sont tenus en suspension dans un liquide ; c'est donc une action simplement moléculaire, qui a été nommée *mouvement brownien*, du nom du célèbre observateur. Ce fait physiologique est connu, mais jusqu'à présent il est resté inexpliqué. Ces mouvements n'ont rien d'uniforme ni de régulier ; les molécules s'approchent et s'éloignent l'une de l'autre et rappellent très-bien l'agitation d'une fourmilière en mouvement. Ceci est très-sensible dans certaines matières, telles que le *roucou*.

D'après quelques physiologistes, on devrait admettre le système de la *gyration* comme un phénomène commun à toutes les plantes ; ils basent leur opinion sur les végétaux où elle a été examinée avec plus de facilité, comme dans le *Chara* et le *Vallisneria spiralis*. Mais souvent les expériences détruisent les théories affirmées par une autre observation.

La motilité ne doit être considérée que comme un état particulier de quelques sujets qui, sans déroger aux caractères principaux, constituent une de ces anomalies fréquentes dans l'ordre de la nature, servant de transition entre les derniers degrés de la vie animale et de la vie végétale. Dans la plupart des formes que revêt la vie élémentaire, le végétal et l'animal se confondent ; ils paraissent avoir une commune origine. Les études microscopiques démontrent que l'un peut posséder une telle affinité avec l'autre, qu'il est téméraire d'établir une ligne de démarcation. L'ordre naturel des choses, et surtout du monde des infiniment petits, nous montre qu'il existe une merveilleuse graduation, s'étendant à toutes les catégories d'êtres, sans avoir jamais de transitions brusques, aussi bien dans les hautes régions de l'organisation animale que dans le domaine microscopique, qu'on ne perçoit qu'avec une énorme amplification. Dans les trois grandes divisions de l'histoire de la nature, la vie se produit de différentes manières, avec des signes plus ou moins sensibles, tantôt latente, tantôt évidente. Elle offre une infinité de contrastes que notre faible imagination est souvent impuissante à expliquer. Ce que nous savons est peu de chose, ce que nous ignorons est immense.

La fausse idée que se faisaient les anciens et les peuples du moyen âge des phénomènes de la vie élémentaire a provoqué des croyances étranges et des préjugés naïfs que le microscope est parvenu plus tard à dissiper et à dévoiler avec autorité. Il a démontré que les phénomènes des pluies de sang, de la neige sanglante, étaient dus à la présence de conferves unicellulaires. En 467 (av. J.-C.), comme Xerxès gravissait le mont Atlas, le vin de la « patère » se changea en sang à trois reprises différentes. Bien avant, en 221, les anciens auteurs rapportent que, dans le Picénum, les rivières charriaient du sang.

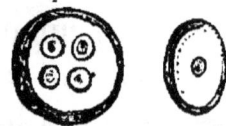

Fig. 209. — Spores de l'*Hæmatococcus sanguineus* × 300, qui produit les phénomènes de la neige rouge. Sujet isolé et sujet reproduit par combinaison.

La neige rouge est un des phénomènes les plus curieux qu'il soit possible de contempler dans les régions alpestres. De Saussure est le premier qui ait remarqué son existence ; il la prenait pour de la poussière pollinique. Le célèbre navigateur anglais sir John Ross, chargé, en 1819, d'explorer la baie de Baffin, pour ten-

ter la découverte d'un passage à travers les mers polaires, a consigné dans sa relation la description de ce
fait insolite. Le capitaine Parry (1821-1823) a fait de
pareilles observations dans ces latitudes. R. Brown,
Bauer et Hooker, botanistes anglais, ont examiné la
neige provenant de ces deux voyages, et se sont ac-
cordés à rapporter la coloration à l'existence de certains cryptogames révélés par le microscope. Schutt-
leworth, d'après les recherches faites en 1839 auprès
de l'hospice de Grimsell, a cru reconnaître dans la
neige rouge l'existence simultanée de plusieurs animaux
infusoires et de deux plantes cryptogamiques. Il a
trouvé que la coloration se dédoublait d'une part en un
rouge vif et presque couleur de sang, et d'autre part en
un rouge grisâtre. Les deux cryptogames sont deux
espèces de *Protococcus* ou *Hæmatococcus nivalis*
(Agardh) ; ils consistent en un seul utricule transparent renfermant des granules d'un rouge de sang. Plus
tard, Vogt en 1841, et Agassiz en 1853, ont prodi-
gieusement augmenté les notions sur la neige rouge.
Ehrenberg en a rencontré partout, en Afrique, en Asie,
en Europe, dans l'eau de mer, comme dans celle des
fleuves, et à la surface du sol. Parlatore, en 1849, a
fait au mont Blanc une ascension qui lui a permis de
recueillir de la neige rouge, et, la soumettant au microscope, à son retour à Florence, il a confirmé les
observations de ses prédécesseurs. Plusieurs excursion-
nistes ont signalé sur le mont Blanc, à la limite supérieure
du glacier des Bossons, au bord d'un ruisseau, une longue traînée rougeâtre figurant assez bien, au premier
abord, des traces de sang : ce n'était autre chose qu'une
agglomération de *Protococcus*. La neige rouge se mon-

tre à l'époque de la fonte des neiges, toujours au-dessus de 2000 mètres d'altitude, jamais plus bas. Dans le premier moment de son apparition, elle est d'un rouge vif, qui s'affaiblit graduellement à mesure qu'elle subit l'influence du temps, et qu'elle s'éloigne davantage de la date de son apparition. On la trouve tantôt par plaques irrégulières, plus ou moins étendues en surface, tantôt par traînées ou longues zones, simulant tant bien que mal des traces de sang. Son aspect ne saurait en aucune façon donner l'idée de ce qu'elle est en réalité. Quant à sa nature, la neige rouge est un des phénomènes les plus singuliers, une nouvelle preuve de l'intensité de la vie élémentaire. Combien faut-il donc de milliers de ces petits globules imperceptibles pour colorer un champ de neige ?

La même algue ou cryptogame produit des effets différents de coloration suivant sa nature ; la neige verte a été observée par M. Charles Martins dans les régions arctiques. « Lorsque nous débarquâmes au Spitzberg (1838), dit-il, je m'aperçus, en traversant un champ de neige, avec M. Bravais, que l'empreinte des derniers pas que nous avions faits avant de passer de la neige sur la terre, était d'une couleur verte. La surface même de la neige était blanche ; mais, à quelques centimètres au-dessous, il semblait qu'elle avait été arrosée avec de l'eau résultant d'une décoction d'épinards. Nous recueillîmes cette neige, et en fondant elle donna une eau très-faiblement colorée. Dans une autre course, je trouvai cette matière verte semblable à une poussière répandue à la surface d'un champ de neige dont la majeure partie était couverte d'une quantité de *Protococcus nivalis*. Au-dessous de la surface et sur les bords

du champ, la neige était aussi colorée en vert. Je recueillis la matière verte de la surface, et une goutte de
ce liquide fut placée sur le porte-objet du microscope...
L'eau était remplie d'une matière verte amorphe, au milieu de laquelle on distinguait des grains de *Protococcus*
parfaitement sphériques... Ayant examiné comparativement de la neige rouge, recueillie dans le voisinage de
la matière verte, nous pûmes vérifier l'identité des globules *rouges* de la neige verte avec ceux de la neige
rouge. Cette dernière offrait en outre des chapelets
plus ou moins longs formés par des globules simples
ajoutés bout à bout et rappelant l'apparence monili-
forme des espèces du genre *Torula*. » La neige verte
était produite par le *Protococcus viridis*, et la neige
rouge par le *Protococcus nivalis*, qui sont une seule et
même plante à deux états différents, sans qu'il soit
facile de distinguer quel est l'état primitif. Ainsi, à mesure qu'on descend dans la série végétale, on voit les
organes se simplifier jusqu'à la cellule microscopique,
qui subit des métamorphoses aussi nombreuses que les
plantes supérieures. C'est une preuve de plus que les
études sur la nature sont infinies, soit qu'on les analyse
dans les détails, soit qu'on veuille, en poursuivant un
phénomène, arriver à une idée de l'ensemble.

VIII

LES POUSSIÈRES DE L'ATMOSPHÈRE

Les particules de la poussière. — Méthode d'observation. — Les corpuscules recueillis dans l'air des villes. — Le transport des germes. —
Phénomènes cosmiques. — Les pluies de sang. — Épaisseur des
brouillards rouges. — Mentions faites par les auteurs anciens. — Évaluation de la quantité de poussière tombée. — Exemples divers de la
manifestation du phénomène. — Propagation des microphytes et des
microzoires; expériences. — Origine des épidémies.

L'air que l'on respire dans les centres de population
agglomérée est loin d'être pur ; organiquement et inor-
ganiquement il contient une quantité de substances
étrangères qui voltigent plus ou moins, selon leur densité, les courants aériens, l'état de sécheresse ou d'humidité. On ne saurait en donner une meilleure preuve
qu'en faisant remarquer les épaisses couches de poussière dont toutes les surfaces extérieures et même intérieures sont recouvertes. Les particules qui composent
la poussière appartiennent à toutes les catégories de
matières réductibles en molécules par des causes mécaniques quelconques : les atomes de terre desséchée, les
débris de toute nature, des filaments de matières lé-

gères, des germes de plantes et d'animalcules microscopiques ; on pourrait dire que tout ce qui existe à la
surface du sol se retrouve flottant en fractions dans
l'atmosphère.

Quand on veut faire des observations de ce genre, on
abandonne en divers endroits à l'air libre, mais dans
une position abritée du vent et de la pluie, un certain
nombre de porte-objets ou lamelles de verre. Au bout
de quelque temps, on les examine attentivement, en
ayant soin de déposer une goutte d'eau dessus pour
donner de la translucidité; car, comme il est nécessaire
d'avoir recours à un fort grossissement, il importe de
produire ainsi une sorte de lavage élémentaire des corpuscules recueillis.

Les expériences de ce genre sont assez ingrates ; il
faut les répéter souvent avec patience, avant de parvenir
à découvrir un corps auquel on puisse attribuer un nom
quelconque, la majeure partie de ce qui a été recueilli
étant amorphe. Puis viennent une foule d'illusions ;
elles ne peuvent être éludées que par l'observateur assez
familiarisé avec les innombrables représentants du
monde microscopique pour discerner ces atomes informes. Avant de découvrir quelque chose, le plus
patient investigateur s'est fatigué les yeux ; il ne doit
pas abandonner le sujet de ses études, parce qu'en
cherchant on trouve souvent, à côté, des choses plus
curieuses que celles qui étaient le but primitif de l'observation.

Les corps microscopiques qui flottent dans l'air que
l'on respire dans les villes sont aussi divers que les substances susceptibles de désagrégation. On a recueilli
une quantité d'échantillons des poussières déposées

dans plusieurs localités différentes. On a constaté que
la poussière des rues est plus ou moins déliée, selon
la hauteur à laquelle elle a été obtenue, et contient une
quantité d'éléments organiques. On y trouve des particules de sable, de quartz, de feldspath, de charbon, de
houille, de noir de fumée, des filaments de laine et de
coton de diverses couleurs, des écailles épidermiques,
des granules de fécule, de la farine de froment, du tissu
végétal, des filaments végétaux, du duvet végétal, jusqu'à du pollen. On y voit de nombreux champignons,
depuis les granules microscopiques jusqu'aux filaments
des moisissures. En versant de l'eau sur ces poussières,
quelle qu'en soit l'origine, et en la plaçant au soleil pendant quelques heures dans une éprouvette, on assiste au
développement des vibrions et des bactéries ; des champignons ou fungoïdes se propagent et se multiplient :
ce qui prouverait, non-seulement qu'ils avaient conservé
toute leur vitalité, mais encore que les germes de la fermentation et de la putréfaction sont abondamment disséminés partout.

Des micrographes anglais ont recueilli des particules
en suspension dans l'air avoisinant les hauts fourneaux ;
elles consistaient en charbon, en cendre, en fer, sous
la forme de globules creux d'un diamètre très-petit et
à enveloppe infiniment mince. Dans l'air des fabriques,
on a constaté la présence de filaments de chanvre et de
coton, des fibres, des graines d'amidon, des sporules,
des écailles, des globules de nicotine, des éléments métalliques, etc. Chaque localité a ses particules, selon les
matières sujettes à la désagrégation. En réfléchissant
sur la multitude de germes de toute nature qui flottent dans l'atmosphère, on comprend plus évidem-

ment que la génération spontanée est peu admissible.

L'atmosphère, dans toutes les parties du monde, est plus ou moins chargée de corpuscules appartenant aux trois règnes de la nature : de kystes et de germes d'infusoires, même de vers nématoïdes, de substances végétales fraîches et en décomposition, de granules impalpables, de particules de craie, de silex, etc. Ces corps organiques et inorganiques s'y trouvent dans des quantités variables selon la condition de l'atmosphère; plus abondants quand elle est sèche, et moins quand il pleut, ils flottent dans l'espace, et ils pénètrent partout avec lui. La ténacité de la vie dont ces germes sont doués est beaucoup plus forte que ne l'admettent quelques observateurs partisans de la génération spontanée, et cela principalement dans les formes les plus obscures : *Monas*, *Vibrio*, *Bacterium*, retenant l'existence dans des circonstances physiques très-peu favorables et qui, par l'addition de l'eau, aidée des rayons du soleil, se raniment après une suspension de vie prolongée. Le froid les tue. Les rayons lumineux et les rayons chimiques du soleil facilitent leur développement plus que les rayons calorifiques. Il est donc matériellement possible que les particules microscopiques entraînées dans l'eau chimiquement pure puissent, au bout de quelque temps, donner naissance à des infusoires ou à des fungoïdes.

Arago attribuait à des phénomènes cosmiques l'apparition des brouillards de poussière rouge et de sable fin; il se basait sur les travaux importants de Chladni à ce sujet. Mais A. de Humboldt, dès 1849, fut convaincu par les analyses microscopiques d'Ehrenberg de la nature réelle de ces poussières. Il n'admit plus l'ori-

gine, dite cosmique, et, renonçant à cette théorie, il
donna comme cause de ces météores les courants d'air
ascendants, qui entraînent avec eux des particules terrestres. Depuis, le savant micrographe de Berlin a étudié
cinq cent vingt-six phénomènes de ce genre dans une
période d'environ trente ans. Ces analyses de brouillards, de poussières, que l'on a appelées *pluies de sang*,
portent dans ses tableaux trois cents formes organiques
distinctes, quoique plus ou moins semblables aux formes de même nature déjà connues. Celles qui prédomi-
nent sont composées en majeure partie de Baccilariens
et de Phytolithariens, mélangés avec d'autres substances organiques calcaires et carbonifères. Le mélange
dont elles se composent est partout le même, non-seulement comme constitution chimique, mais encore sous
le rapport de l'analogie des espèces ; cette analogie est
même si frappante, qu'il est impossible de n'y pas voir
la preuve d'une communauté d'origine.

Ehrenberg fait remarquer que ce n'est pas la masse
totale qui est composée d'éléments organiques, mais
que ceux-ci ne s'y trouvent que dans la proportion d'un
huitième au plus, par rapport au volume de fine poussière, de terre de brique, dans laquelle on trouve quelquefois des grains de sable à facettes. Il est évident que
les déserts arides du Sahara ne peuvent être le point de
départ des germes organisés aquatiques, car les brouillards de sable ont apparu dans toutes les saisons de
l'année et dans les mêmes conditions. La couche supérieure du Sahara ne serait aucunement propre à la formation de ces poussières rouges, pas plus que le conti-
nent africain, tel qu'on connaît sa composition géologique
de l'époque actuelle. Les navigateurs ont pu constater

près du cap Vert l'épaisseur et la grande étendue de
ces brouillards de poussière rouge. En 1863, une observation importante fut faite par des navires mouillés
dans le port, au pied du pic de Ténériffe. Une heureuse
chance permit de reconnaître simultanément la présence du phénomène au niveau de la mer et au sommet du pic, où, il est vrai, il ne put être constaté que
par la couleur de la neige. L'épaisseur du nuage de ce
brouillard atteignait ainsi une altitude minima de plus
de 3000 mètres.

Dans l'antiquité, nous trouvons chez les auteurs anciens
de fréquentes apparitions de brouillards colorés, nommés
naïvement « pluies de sang ». En 127 (av. J. C.), il y eut
près de Rome un brouillard blanc : *Roma in agro Cor-
tasi lacte pluit.* En 103 (ère chrétienne) et en 106, la
colline du Quirinal fut couverte de « sang ». En 169, un
brouillard rouge dura trois jours : *Saturnis e sanguine
per triduum in oppido pluit.* En 204 et 214, on signala
une rubéfaction des épis de blé dans les champs romains.
En 212, brouillard rouge intense. En 263, 272, 340,
« il sort du sang de terre et de plusieurs sources ». Il
n'était pas étonnant que les anciens crussent à un miracle ou à un signe quelconque dans ces phénomènes,
qu'ils ne pouvaient pas expliquer, ni par déduction météorologique, ni par l'examen au microscope, qui leur
était totalement inconnu. Ce n'est, du reste, que depuis
trente ou quarante ans que la question est sortie du
domaine de la superstition pour obtenir une constatation légale de la science. Les populations qui voyaient
un matin les champs couverts d'une poussière colorée
ne soupçonnaient nullement la cause logique qui l'a-
vait produite; comme la chose était extraordinaire, ils

en faisaient un miracle ou un signe précurseur de quelque événement néfaste. Ainsi les historiens rapportent que le soleil se voila de sang pendant trois jours à la mort de César : coïncidence, plus ou moins manifeste, d'un brouillard rouge avec un fait historique important.

Pour couvrir des espaces aussi étendus que ceux qu'enveloppent ces brouillards, il est nécessaire que les particules soient répandues à profusion. La masse de neige rouge tombée dans les hautes Alpes de la Suisse a été estimée dernièrement à 1500 tonneaux en un jour, et à 110 tonneaux par mille carré pour la chute qui se produisit simultanément en 1869 en Sicile et aux Dardanelles. La distance entre l'Archipel et la Sicile, où ce phénomène fut constaté le même jour, sans possibilité d'en retrouver des traces sur l'eau de la mer, dépasse de beaucoup ce qu'on avait présumé jusqu'ici sur son étendue. Dans d'autres localités, on a fait également des observations, qui ont donné des chiffres analogues sur la densité du brouillard.

Il est admissible que la neige rouge ou pluie de poussière tombée aux Dardanelles donne une explication plausible des récits anciens sur les pluies de sang à Troie, en Grèce, à Constantinople. L'analyse d'une poussière tombée à Ispahan révélait aussi peut-être ce qu'est cette terre étrangère, qui, d'après Abdallatif, fertilise les déserts de l'Afghanistan. Pareille observation a aussi été faite pour les déserts du Beloutchistan. On a reconnu dernièrement que le sirocco, qui souffle sur l'Italie, n'est autre qu'une continuation des vents du Sahara. On a exposé à l'air extérieur du papier blanc mouillé ; au bout de quelque temps, on remarquait un assez grand nombre de petits points rougeâtres, reconnus, à l'aide du microscope, pour être identiques aux particules sablonneuses du Sahara. Il existe d'autre part parmi les blanchisseuses de l'Italie méridionale une tradition qui attribue à certains vents la propriété particulière de rougir le linge que l'on fait sécher pendant que soufflent les vents du sud.

Les courants aériens supérieurs amènent non-seulement des poussières minérales, enlevées du sol par des convulsions gyratoires et transportées dans les régions élevées pour être ensuite déposées à de grandes distances, mais ils soulèvent aussi des matières végétales légères, telles que des graines, du pollen et d'autres substances existant en grande abondance sous forme pulvérulente. En 1827, il tomba en Asie Mineure une pluie de graines qui couvrit la terre en quelques endroits de plusieurs centimètres d'épaisseur. Les échantillons rapportés en Europe furent examinés et l'on reconnut qu'ils appartenaient à une famille de lichens très-abondante dans ces contrées.

Les recherches faites à Berlin en 1848 et 1849, durant la terrible épidémie de choléra, ont permis aux micrographes d'avancer les connaissances sur ce sujet, en comparant simultanément les poussières qui sont ordinairement en suspension dans l'air, tant en Allemagne qu'en Égypte et dans le Venezuela. On a trouvé que cette poussière volante, en se déposant sur les troncs élevés des arbres, y développait une véritable végétation, qui se traduisait par d'épaisses couches de mousse et d'autres parasites qu'on pouvait également observer sur les cèdres du Liban.

Il existe ainsi une relation prononcée entre les pluies

de poussière et la présence de germes vivants dans l'air.
Ces organismes invisibles ont encore été reconnus pour
des êtres complets pouvant se conserver et se reproduire.
Dans ces dernières années on a apporté des connaissances
nouvelles dans ce champ nouveau des phénomènes de
la vie, tant par des travaux micrographiques que par des
expériences répétées. On connaît à peu près 500 espèces de formes organisées, entièrement invisibles à
l'œil nu, dont 190 de la seule famille des *Polygaster*;
suspendus dans l'atmosphère, ils restent dans une
sorte de léthargie; l'humidité les réveille et les met
sur la voie des rapides progrès de leur développement.

Les hétérogénistes demandent, pour sanctionner les
expériences sur les germes contenus dans l'air, que
l'emploi de l'acide sulfurique et du feu soit banni. On
se pénètre mieux de l'idée qu'ils posent en principe
en étudiant la pléiade de microphytes et de microzoaires
dans la vapeur d'eau atmosphérique condensée par le
froid. Cette vapeur condensée est recueillie dans des
tubes que l'on bouche ; on les place en présence d'une
grande quantité d'air naturel à la température ambiante,
et l'on étudie au microscope sa composition au moment
de sa condensation. M. J. Lemaire a fait en 1864 des
recherches comparées sur l'air des plaines de la Sologne
et celui de Romainville. Voici comment il s'exprimait à
ce sujet : « J'ai choisi le voisinage du village de Saint-
Viàtre, appelé aussi Tremblevif, parce que c'est là que
sévissent avec le plus d'intensité les fièvres paludéennes. Nous avons opéré par un soleil très-chaud,
sur les bords de deux grands étangs de profondeur différente, mais contenant beaucoup de vase. Ils exhalaient

une odeur marécageuse particulière, perceptible à une assez grande distance ; la vapeur d'eau a été condensée à plus d'un mètre de distance de la surface des deux étangs. L'eau examinée au moment de sa condensation était incolore, elle contenait des spores sphériques, ovoïdales et fusiformes.... Nous trouvâmes une quantité considérable de très-petits corps semi-transparents, de formes diverses ; ces corps paraissent produire des microphytes et des microzoaires.... Quinze heures après, l'odeur marécageuse était plus prononcée ; de petites cellules bourgeonnaient. Nous trouvâmes dans une seule goutte de ce liquide plus de 200 *Bacteriums termo ;* quarante heures après, le liquide était trouble, le nombre des cellules avait augmenté, il en existait de conjuguées.... Soixante heures après, le liquide, troublé par des matières en suspension sous forme de nuage, offrait une odeur putride repoussante. Ce dépôt était entièrement formé par des *Bacteriums,* des *Vibrions* et des *Spirillums* immobiles.... A partir du quatrième jour, le nombre de spores des cellules commença à diminuer et, quelque temps après, le microscope ne révélait plus l'existence de ces petits végétaux. Le liquide ne contenait plus que des animalcules ; ces derniers disparurent peu à peu à leur tour.... Après un mois, quelques rares monades existaient seules dans le liquide. » Des expériences semblables eurent lieu à Romainville, près Paris, pays réputé comme très-sain ; l'air n'offrait qu'une minime proportion de ces êtres. Il semble donc prouvé qu'en Sologne les fièvres paludéennes sont dues à la quantité des microphytes et des microzoaires contenus dans l'air. En résumé, les matières organiques ne paraissent être dangereuses qu'autant qu'elles contiennent ces deux formes générales qui résultent des exhalaisons pestilentielles.

Les vents amènent avec eux des miasmes morbides, cause de maladies épidémiques, telles que le choléra, le typhus, les fièvres ; une fois que les germes sont formés, l'opération marche avec d'autant plus de rapidité que les moyens de propagation sont plus énergiques ; les couches les plus basses de l'air se dépouillent au profit des couches les plus élevées. Si la température est plus élevée, l'aspiration d'une atmosphère avide d'eau produira l'infection au moyen d'un jeu des courants aériens dans les régions les moins marécageuses et offrant en apparence des conditions salubres. Il est facile de concevoir que ces germes, introduits dans l'économie par les voies aériennes ou digestives, tournent à un genre de fermentation nuisible à la santé. Ils deviendront le foyer intérieur d'une fermentation putride, dont les produits, agissant immédiatement sur les muqueuses, ce laboratoire aux longues circonvolutions de la transformation sanguine, infiltreront des germes pernicieux par tous les pores dans l'économie et lui communiqueront les symptômes du mal ardent.

FIN

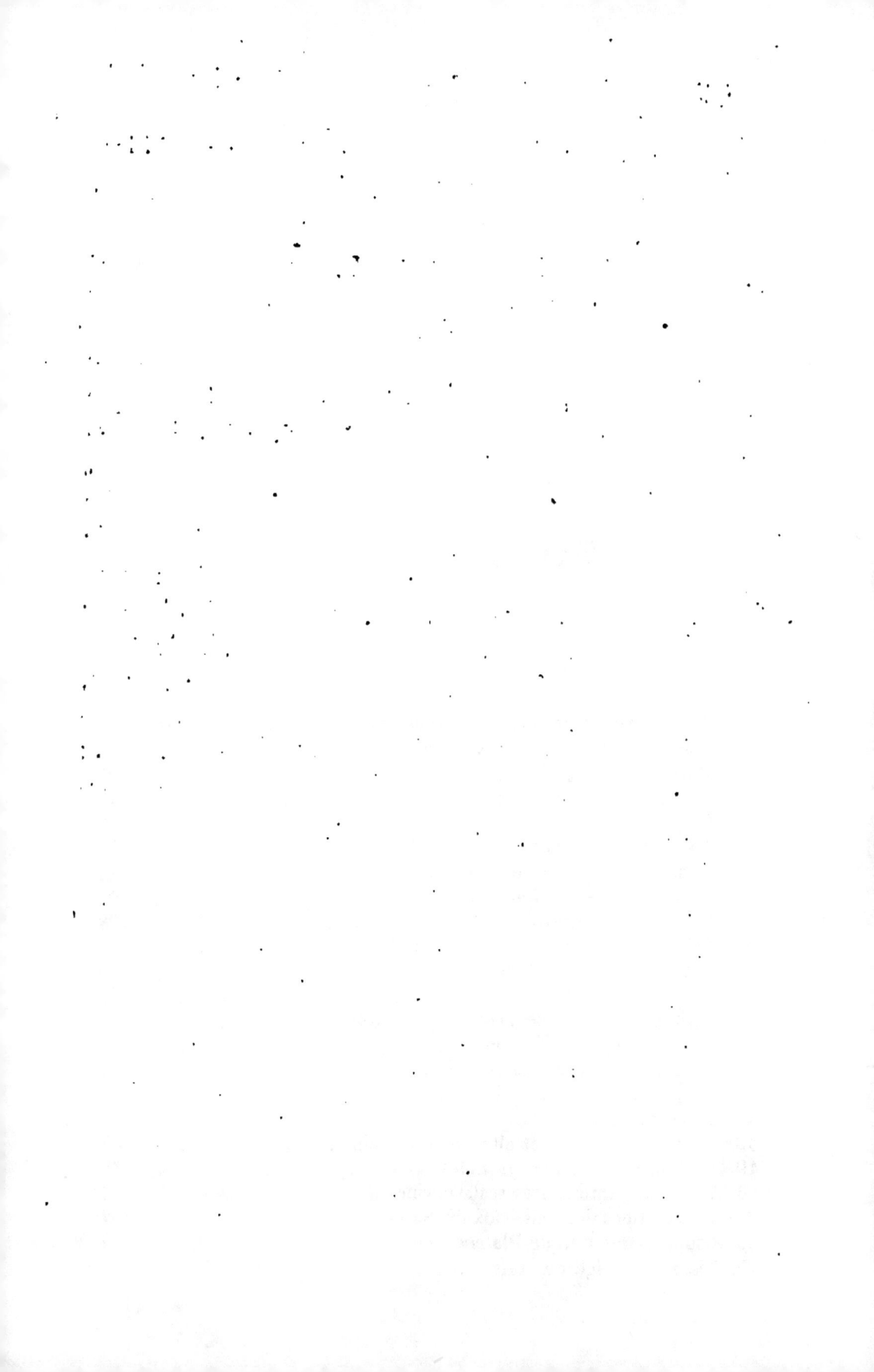

TABLE DES FIGURES

TABLE DES MATIÈRES

DEUXIÈME PARTIE

LES VÉGÉTAUX MICROSCOPIQUES

I. — LE MONDE DES CHAMPIGNONS

II. — LES CAUSES DES MALADIES DES PLANTES

III. — LES PRODUITS DE LA FERMENTATION VÉGÉTALE

19500. Typographie Lahure, 9, rue de Fleurus, à Paris.